马季 著
MaJi

遇见
勇敢超越的
自己

遇见全新的自己

YUJIAN
YONGGAN CHAOYUE DE
ZIJI

内蒙古文化出版社

图书在版编目（CIP）数据

遇见勇敢超越的自己 / 马季著 . -- 呼伦贝尔 : 内蒙古文化出版社 , 2017.9

ISBN 978-7-5521-1349-5

Ⅰ . ①遇… Ⅱ . ①马… Ⅲ . ①成功心理 — 通俗读物 Ⅳ . ① B848.4-49

中国版本图书馆 CIP 数据核字（2017）第 236049 号

遇见勇敢超越的自己
马季 著

总 策 划	丁永才　崔付建
责任编辑	王　春
特约校对	文　樞
出版发行	内蒙古文化出版社
	（呼伦贝尔市海拉尔区河东新春街 4 付 3 号）
印刷装订	三河市华东印刷有限公司
开　　本	880 毫米 × 1230 毫米　1/32
印　　张	10.5　**字　数** 260 千
版　　次	2017 年 9 月第 1 版
印　　次	2022 年 1 月第 2 次印刷
书　　号	ISBN 978-7-5521-1349-5
定　　价	38.00 元

前　言

　　十八盘是登泰山的阶梯最陡峭的一段。这一段岩层陡立，倾角70至80度，在不足1公里的距离内升高400米。这是攀登泰山过程中最困难的一段路，也是考验登山者毅力的关键时刻。勇敢超越自己，是人生最困难的事情，如同泰山的十八盘阶段一样。

　　每个人只有勇于接受挑战、充实自我，才会超越自己，成就自我生命的辉煌。很多时候，面对挫折，面对沮丧，我们需要坚持；看不见光明、希望，却仍然孤独、坚韧地奋斗着，这才是成功者的品质。蜕皮效应实际在告诉我们，在面对曾经的失败与成功时，我们应该勇于突破、接受新的挑战。

　　超越不仅是一种能力，也是一种责任。在竞争激烈而又复杂的社会环境中，我们常常会发现，自己失去了对自身能力的判断。犹豫不决、鲁莽行事、胜利冲昏头脑，都是用来形容这种人生境遇的。或许是由于阅历不够，看不清事物的本质；或许是由于一朝被蛇咬三年怕井绳，胆小怕事畏缩不前。因此，我们在人生关键时刻往往错过了一些或大或小的机会，从而导致日后的后悔莫及。其实机会是没有大小之分的，小机会即大机会的开端，大机会就隐藏在小机会当中。

超越是一种挑战，超越是一种境界。人的一生除了升学、工作、择偶、调动等一些人所皆知的关键时刻（又称为平面的关键时刻），还存在很多不易为人觉察的关键时刻，甚至是化被动为主动、化消极为积极的关键时刻。挫折不一定是坏事，"塞翁失马，焉知非福""失败乃成功之母"，讲的就是如何积极面对不利的局面。因此说，人的一生是立体的，可能性是多重的。机械地、临时抱佛脚式地面对问题，就很难做到临阵不乱、胜券在握。在总体上学会超越自我，是一个人获得发展的重要心理保证。具体来说，平时积累修养、调整心态，以利最大限度地灵活把握和适应每一次机会，才能够使超越自我得以最终实现。

一个人要正确认识自己，因为人与人性格差异很大，了解自己的性格优势与不足；要学会扬长避短，有助于形成自己独特的自信心。人是不断变化发展的，我们需要不断更新、不断完善对自己的认识，才能使自己变得更好和更完美。正确认识自己，就要用全面的、发展的眼光看自己。所以人就特别需要充满自信来完成自己的目标，自己的事业……

总之，要想不断取得成功，就不能躲在过去的失败里畏缩不前，也不能迷失在以往的成功里骄傲自满。必须不断超越自我、突破自我，实现一次又一次的蜕变，让人生的道路越走越辉煌。

第一篇　人生起步时的超越

第二篇　身处困境时的超越

第三篇 重大抉择时的超越

第四篇 面临危机时的超越

第五篇　调整方向时的超越

第六篇　情感困扰时的超越

第七篇　事业巅峰时的超越

第八篇　实现人生价值时的超越

第一篇　人生起步时的超越

永不放弃

弗里达·卡洛是墨西哥当代著名女画家，她是一场严重车祸的受害者之一、一个在美国成为"大西洋海岸最热门的人物"的残疾绘画家。她一生经历了大小 32 次手术和 3 次流产，最终瘫痪，依赖麻醉剂活着。她用自己的画写完了她的人生。

弗里达是一位美丽的女人，稍有瑕疵也恰好增添了她的魅力。两条美丽的眉毛在前额连成一线，杏仁状的眼睛是乌黑的。她的智慧和幽默就在那双眼睛里，她的情绪也表露在其中：或好奇或迷人，或疑虑或内敛。她的眼神有着一种让人无从掩饰的锐利，犹如飞翔的箭矢。

弗里达小时候是个很淘气的小女孩，7 岁时发生了明显的变化：身体细长而不太结实，脸色忧郁，表情显得很内向。变化的原因是弗里达 6 岁时得了小儿麻痹症。弗里达的自我迷恋和开朗外向，形成了她成年后的性格特征。可疾病让她意识到内心世界的白日梦与外部世界是极不一致的，弗里达的梦里有一个绝不会抛弃她的知己。18 岁时，弗里达已经有了自己对人生的认识。

一次意外的事故改变了弗里达的生活。这是一次车祸，断了的扶手从弗里达身体的一侧刺入，从另一侧穿出来，高度是在骨盆的位置，她平生第一次手术。她告诉她的朋友阿里亚斯："一到夜里，死亡就来到我的床边跳舞。"从 1925 年起，弗里达的生活是一个经历健康状况日益恶化的磨难。她把开始画画作为消遣，到后来却慢慢地沉浸于艺术之中了。她画死亡，她喜欢说："我逗弄并嘲笑死亡，所以它不让我好起来。"但她不画车祸，然而这次车祸却将弗里达引向了绘画，作为一个成熟的画家，来画她的思想状态——来定格她的发现——用发生在自己身体上的事。痛苦与力量两者都渗透在她的绘画之中，最具特征的画作是《破裂的脊柱》。

1932 年，她的丈夫里维拉在美国一举成名，里面包含着弗里达的贡献。弗里达怀孕了，却在 3 个月后流产，不能再有孩子。弗里达终于瘫痪了，依赖麻醉剂生活，但她从未停止绘画，她画自己流血、哭泣、破碎，将痛苦移植到艺术里。她用画作表达着自己的思想："如果我有翅膀，还要腿干什么呢？"弗里达自己创造了自己的艺术。

1953 年在墨西哥举行的最后一次画展上，弗里达告诉记者说："我不是生病，我只是整个碎掉了，但是只要还能画画，我都会很开心。"一位评论家在《时代》周刊刊载的一篇题为《墨西哥式的自传》的文章中写道："要将她的生活与她的艺术分割开来是很困难的。她的画就是她的自传。"

人生箴言

　　只要不停止奋斗，你就能获得值得人尊敬的成就；只要敢于去拼搏，你就能获得心灵的自由。一个人的行动能够说明他的一切。

遇见勇敢超越的自己

004

枫树的期盼

有很多美好的事情看似离开了我们，但实际上它仍在我们的身边，只不过暂时走开了；当它回来时，你是否还有一颗平常心来迎接它呢？

公园里有一棵很大的枫树，树干挺直、枝叶茂密，每年秋天都会变色，满树的红色、橙色、黄色、绿色，看上去真是充满了梦幻般的浪漫色彩。

有一个很美的女孩子。她的脸庞好像精美的白瓷器一样洁白细腻，眼睛像是汪着的两处深潭水。她的身材轻盈玲珑，小腿和手指尤其美丽，细长、白嫩，走路时像踩着嬉戏的风的步伐，转动小碎花的裙摆时像是舞着的蒲公英。

枫树很喜欢女孩到它的身边玩耍。有时女孩会和她的同伴坐在树下，拿出她们的花手绢，玩着它不懂的游戏。它喜欢听她玩得开心时银铃般的笑声，以为那就是所谓的音乐。它更喜欢女孩一个人静静地靠着它坐在树荫底下的时候。女孩柔软的头发轻轻抚弄着树干，它可以往下看到她浓密的长睫毛，还可以嗅到女孩身上散发的幽香。女孩与枫树靠得这样近，枫树以为这就是恋爱。

直到有一天，女孩不是和同伴来，也不是自己一个人来，而是和一个男孩子一起来。那天，枫树才知道自己并不是女孩恋爱的对象。

女孩看起来和往常不同，眼神迷蒙，脸颊抹着红晕，嘴角带着一丝兴奋而又不安的微笑。男孩手里拿着一束花，很洁白柔美的花。花朵馥郁的香气弥漫在空气中，闻起来令人迷眩。

男孩告诉女孩，说她就像是这束栀子花，纯洁又美好；而他愿意像他们背后的这棵大树一样永远庇护着她。

女孩接过花束，安静但激动地搂着男孩的颈项，男孩也热烈地紧拥着女孩窈窕的身躯。

一阵清风吹过，带着栀子花的香味在空中旋绕，撩拨舞弄着枫树浓密的叶子而去。枫树知道以后再也看不到女孩了。

女孩果然不再来公园里了。心碎的枫树每天尽量伸长它的枝干，希望能眺望得更远，以便寻找到女孩的踪迹。不过，牢牢抓紧土地的树根限制了它的视野，它痛苦得想要从地下抽出它的命脉，只为能再向上移动一点，好延伸追寻女孩的视线。

日复一日，渐渐地，枫树不再尽量挺直伸展它的枝干。相反，它所有的枝都懒散地垂落下来，它不想再看，因为看得越远，失望越深。它只想将自己深深埋藏起来，躲在安全的黑暗当中，正如它还是一颗种子那样。只不过在黑暗中，它一次次反复回味着栀子花的香气。那是代表女孩的气味。只要这股香气从记忆中旋绕而出，它就仿佛再次感觉到女孩飘荡的发丝轻抚着它的树干，或又一次听到女孩银铃般的笑声。

年复一年。突然有一天，一群小学生在老师的带领下，嘻嘻哈哈地跑跳着进公园，而每个小孩子的手上都拿着一朵栀子花！那是女老师分赠给孩子们带回家给妈妈的小礼物。随着孩子的奔跑，那股熟悉而又令人心痛的香气钻进枫树的每根茎脉，让低垂着的枫树突然从黑暗中惊醒过来！

是的，是的，这一定是她，还有谁会有这样纯洁美好的芳香？

 人生箴言

成长的时候，我们都有可能面对失去的痛苦；也许，属于你的一切会变换一种方式出现的，把目光看向远处吧，不要为一时的失去而沉沦。

树立比薪水更高的目标

黄楠大学毕业后在一家公司的财务部门任职。上班那天，老板对她说："试用期半年，干得好，半年后加薪。"

起初，黄楠干劲儿特别足，干的活儿一点儿也不比老员工少。两个多月以后，她有了些想法，觉得凭自己在公司独当一面的实力，完全应该获得更好的待遇，老板应该提前给她加薪，而不必等到半年以后。

自从有了想法后，黄楠的工作态度变得消极了，对上司交代的任务，她不再像以前那样认真、细致地完成。月末，单位赶制财务报表需要加班加点，大家主动留了下来，她却声称有事不能加班，还对同事们说："你们加班是应当的，我的任务在白天已经完成了。"

言下之意，我的薪水低，和你们高薪族一起加班不亏了自己吗？她还半真半假地幽默道："半年后，说不定我就会与你们一道并肩作战了。"当然，这一切不会逃过老板的视线。

半年过去了，老板丝毫没有给黄楠加薪的意思，她一气之下离开了那家公司。

后来同事跟她私下聊天时告诉她："真遗憾，你白白地错失了一个加薪晋升的良机。老板看你工作扎实，业务能力又强，本来打算在第三个月的时候给你加薪的，甚至还有意在半年后提拔你为主办会计。"

像黄楠这样的年轻人，把薪水视为工作的唯一目的，等于禁锢了自己的才能，不管她到哪个公司，都不会赢得发展的机会。

当然，薪水是一个人工作的基本要求。但所有有作为的人，他们工作绝不仅仅是为了拿一份薪水，他们看重的是工作带来的锻炼、学习的机会，是成长的过程，是品质的塑造和能力的提高。

有两位十分优秀的大学毕业生，分别去一家刚创办的小型公司应聘经理助理。第一位应聘者听说月薪只有600元，便放弃了，另外找了一家公司，月薪是2000元。第二位应聘者接受了600元薪水的待遇，也欣然接受了这份工作。尽管当时他也有更多赚钱的机会，但他觉得在这里能学到一些本领，薪水低一些是值得的。从长远的眼光来看，在这里工作将会更有前途。

10年过去了。第一位学生的年薪由当年的24000元涨到10万元，而最初年薪只有7200元的第二位学生，现在的固定年薪是40万元。两位同样优秀的人才，差异到底在哪里呢？显然，前者是被最初的赚钱机会蒙蔽了，而后者却是基于学东西的观点来考虑自己的工作选择，他胜在了目光长远。

心理学家发现，在达到一定的数额之后，金钱就不再诱人了。即使你还没有那么富有，只要你着眼未来，就会发现金钱不过是许多种报酬中的一种。有机会的话，试着请教那些事业成功的人士，你就会发现，他们在没有优厚的金钱回报下，绝不会减弱对工作的热情。如果你问他们为什么如此对待工作，他们的回答一定是："因为我热爱自己的工作。"

刚跨入社会的年轻人，切忌把薪水的高低当作选择工作的标准，而一定要注意工作本身所给予自己的报酬，比如发展技能、增加经验等，当你学有所成作出贡献之后，薪水的增长就是水到渠成的事情。

 人生箴言

人生的意义不局限于物质需要，还应该有更高层次的追求；有了更高层次的动力驱使，生命才能释放更大的能量。

敢于展示自己

青年时代的安德烈·卡耐基，曾经是美国宾夕法尼亚州一座停车场的电信技工。一天早上，因为突发事故，调车场的线路陷入了混乱之中。当时，他的上司还没上班，作为一名普通技工，他并没有"当列车的通行受到阻碍时，应立即处理引起的混乱"的权力。如果他越权发出命令，一旦遭遇不测，轻则卷铺盖走人，重则可能锒铛入狱。

在这样的重要时刻，明哲保身的人也许会这样想："尽管情况危急，但不在我的职责范围之内，何必自惹麻烦？"可是卡耐基没有这样想，更没有畏缩旁观，他立即私自下了一道命令，并在文件上签了上司的名字。

当上司来到办公室时，线路已经正常，如同根本没有发生过事故一般。这个见机行事的青年，因为临危不乱，作出正确判断，而大受上司的称赞。

公司总裁听说此事之后，立即调他到总公司任职，并委以重任。从此以后，卡耐基扶摇直上，直至事业的巅峰。

卡耐基事后回忆说："初进公司的青年职员，能够跟决策阶层的大人物有私人的接触，成功的战争就算是打胜了一半——当你做了分外的事，而且战果辉煌，不被破格提拔，那才是怪事！"

一位世界500强企业总裁在谈到西方职员与中国职员的区别时说，西方职员敢于发表自己的意见，敢于展示自己。中方职员聪明、好学，有才华，但缺乏自信；他们总是闷声不响，谨小慎微，不愿意公开发表意见。确实，初涉社会的年轻人，听到的最多的告诫就是：出头的椽子先烂；少说多做，少管闲事，才会得到领导的信任。但正是这种处世哲学，让年轻人变得畏首畏尾，不敢展示自己，不敢推销自己；明明发现了问题，也不敢大胆说出来，而是在心里告诫自己："多一事不如少一事，千万不要多管闲事。"却不知，一个极好的机会有可能就被白白丢掉了。要知道，人一生的机会毕竟是有限的，你可能穷尽毕生努力，也不会得到别人的赏识，而抓住一次机会，就有可能展露你的能力和价值。

因此，只要有平台，只要有真才实学，就不要怕展示自己；凭才干和本领获得领导和同事的尊重，是一件光荣的事情。

 人生箴言

不要怕展示自己，是金子总会发出夺目的光芒！

不要迷信经验

麦克打算乘火车从弗勒斯诺去纽约旅行。临行前，他的舅舅来看他，告诉了他一些旅行方面的经验。

"你上火车后，选一个位置坐下，不要东张西望，"舅舅这样对他的外甥说，"火车开动以后，会有两个穿制服的人顺通道走来问你要车票，你不要理他们，他们是骗子。"

"我怎么认得出呢？"麦克不解地问。

"你又不是小孩，会认得的。"舅舅似乎有点埋怨的意思。

"那好吧，舅舅。"麦克点了点头，表示记住了舅舅的忠告。

"火车开出20里后，会有一个和颜悦色的青年来和你搭讪，敬你一支烟。你就说我不会。那烟卷是上了麻药的。"舅舅接着说。

"是的，舅舅。"麦克微微一怔，但照例点了点头。

"你到餐车去，半路上会有一个年轻漂亮的女子故意和你撞个满怀，差点儿一把抱住你，然后她就对你左一个'对不起'、右一个

'很抱歉'。你自然觉得这是个不错的女孩，一定会产生跟她交朋友的念头。这时候，你一定要理智地远离她。那女子是个妓女。"

"是个什么？"麦克似乎没有听清楚。

"是个婊子。"舅舅提高声音，"吃完饭，你从餐车回到座位去，经过吸烟间，那里有一张牌桌，玩牌的是三个中年人，手上全戴着看来很值钱的戒指。他们要是朝你点点头，其中一人请你加入，你就当没听见。"

麦克一脸茫然地看着舅舅。

"我在外边走得多看得多，这些事并不是我无中生有胡说的。"舅舅好像又想起了什么，叮咛道，"还有一件事，晚上睡觉时，把钱从口袋里取出来放在鞋筒里，再把鞋放在枕头底下。"

"舅舅，多谢您的指教！"看舅舅说完了，麦克向他表示了感激。

第二天，麦克乘上了开往纽约的火车。

那两个穿制服的人不是骗子，那个带麻药烟卷的青年没有来，那个漂亮女子没碰上，吸烟室里的牌桌是空着的。第一晚，麦克把钱放在鞋筒里，把鞋藏在枕头下，一夜没睡好。

第二天，麦克就不理会那一套了。他请一个年轻人吸烟，那人竟高兴地接受了。在餐车里，他故意坐在一位年轻女子的对面。吸烟间里，他主动邀请别人打起了扑克。火车离纽约还很远，麦克在车上认识了许多旅客，旅客也都很喜欢他。火车经过俄亥俄州时，麦克与那个接受烟卷的青年，跟两个瓦沙尔女子大学的学生组成了一个四人合唱队，他们的演唱获得了旅客们的喝彩。

麦克的旅行非常愉快，这正是他所想要的。

对于初涉社会的年轻人来说，成功者的经验确实很宝贵，但要知道，经验不是万能的，只能参考，不能照搬。对于所有成功者的经验和办法，一定不要迷信，而要仔细分析、认真观察，得出自己的结论。

有一位诗人，在诗歌界有一些名声，他有不少商界的朋友——他们曾经是他的学生或崇拜者。诗人经常和商界的朋友接触，由于他思维敏捷、见解高明、主意新颖，为朋友出主意挣了不少钱。久而久之，诗人也萌发了下海经商的念头。于是，他向朋友们借了一笔钱，决定办一家公司。

他的文化传播公司一开张，生意还没做成一笔，先招聘了20多个人，每人发了一部手机。但是，他并没有明确具体的业务方向，也没有切实可行的工作思路，只有一个概念——制造声势，扩大影响，最终垄断本市的文化传播行业。他开起沙龙和讲座，大谈如何做一个"高层次有文化的商人"，所做的是一大堆没有实际效果的事情。结果不到3个月，他从朋友那里筹集来的几十万元就花了个精光。让他不解的是，他的朋友、学生和崇拜者，争先恐后来向他讨债。他试图筹集资金、东山再起，却再也借不到钱了。后来，他在一篇文章中深有感触地写道："纸上谈兵是可怕的，别人的经验对你来说也许就是惨痛的教训……天下没有免费的午餐。"

 人生箴言

不要完全相信别人的经验之谈，世间万物皆在不停地变化。脚踏实地，才能走出一条属于自己的路来。

合理利用时间

华德是罗宾的小提琴教师。有一天，他给罗宾教课的时候，忽然问罗宾每天花多少时间练琴，罗宾说三四个小时。

"你每次练习，时间都很长吗？"

"是啊，我想这样才能练好。"罗宾答道。

"不，不要这样。"华德说，"你长大以后，每天不会有长时间空闲的。你可以养成习惯，一有空闲就练，哪怕只有几分钟时间。比如在你上学以前，或在午饭以后，或在休息之余，5 分钟、10 分钟地去练习。把小的练习时间分散在一天里面，这样的话，拉琴就成了你日常生活的一部分了。"

罗宾长大参加工作后，想兼职从事文学创作。

可是处理业务、开会等事情把罗宾白天晚上的时间完全占满了。差不多有两年时间罗宾一字未动，他原谅自己的理由是没有时间。这时，罗宾想起了华德先生告诉他的话。

第二天，罗宾就着手采用华德先生的办法了。只要有 5 分钟的空闲时间，他就坐下来写作百余字或短短几行。

出乎罗宾的意料，一个星期过去，他的手头竟然积累了几十页稿子。

尝到甜头的罗宾用同样的方法开始创作长篇小说。尽管罗宾的日常工作十分繁重，但是每天仍有不少可资利用的短暂空闲时间。同时，罗宾开始练习拉琴。他发现每天的空闲时间，足够用来进行创作与练习拉琴。

充分利用短暂空闲，是有条件的，首先是要把本职工作做好。本职工作做不好，本末倒置，也就失去了利用短暂空闲的意义。同时，我们必须记住"贪多嚼不烂"的道理。一个人不可能在同一时间内做好几件事，必须专心致志，才能把事情做好。孙子认为"故形人而我无形，则我专而敌分；我专为一，敌分为十，是以十攻其一也"。军队要想取胜就必须集中优势力量，一个组织如此，一个人更是如此。

有的人觉得自己的事情太多，平时太忙，一些事情总没有时间做。于是，外语没有时间学，身体没有时间锻炼，工作总结没有时间写，好想法也没有时间记下来，更没有时间去反省自己有哪些不足了……真的这么忙吗？一国总理忙不忙？可总理还坚持每天早晨跑步呢，难道罗宾们比他还忙？实际上，总说自己忙的人工作效率并不见得就高，做的工作也不一定就很多，而是没有能够合理利用时间。

时间像海绵，要靠一点一点挤；时间更像边角料，要学会合理利用，一点一滴去积攒。合理利用时间就是与时间争夺宝贵的生命。

克服依赖心理

文康在初学溜冰时，没掌握好平衡技巧，总是一次次跌倒。于是，教练给文康一把椅子，让他推着椅子溜。果然，此法甚妙，稳当的椅子使文康站在冰上如站在平地一般。文康推着椅子前行，行动自如，不再跌跤。

文康想，椅子真是好！于是，就一直推着椅子溜。

一星期后，有一天，教练来到冰场，发现文康仍然在推椅子溜冰。他走上前来，一言不发，把椅子从文康手中撤下来。文康立即惊慌地大叫起来，脚下不稳，跌倒了。文康还想扶着椅子溜，教练走到一边去了，没有理睬他。文康只得依靠自己，慢慢地就站稳了。文康惊奇地发现，椅子实际上已经帮他学会了掌握平衡。

学溜冰的经历让文康举一反三地想到，不管干什么，起步时需要借助外力，但不可过于依赖外力，否则，永远不能独立，不能达到自己的目标。

人总是有依赖心理的。周恩来总理曾对自己的亲属定下十条"家规"，其中一条就是"凡个人生活能自己做的，不要别人来办"。这就是说，凡事首先要立足于自己去解决，不要依赖别人。

　　初涉社会的年轻人，通常存在一定程度上的依赖心理。这主要是由于优越的生活环境和父母的溺爱所致。依赖心理如果得不到及时矫正，将会削弱一个人在生活中的抗磨难能力，甚至导致心理畸形发展。

　　在激烈竞争的社会中，依赖任何人都是靠不住的。命运要靠自己改变，成功要靠自己争取。需要别人的帮助是正常的，但不能过分依赖别人的帮助。那么，怎样才能克服依赖性呢？

　　首先，要消除自卑感，增强自信心。自卑心理是产生依赖性的原因之一。凡是具有这种心理的人，在生活中对人对事缺乏正确的认识，对自己的水平和能力没有一个正确的评价，很容易过高评估他人，过低估计自己。做事情总是缺乏自信，觉得自己不如他人，不如别人做得好。要知道，每个人都有自身的长处和不足，有时你可能在这一方面有长处，而在另一方面显得不足，别人的情况可能与你相反。所以要有自信心，自卑的人是没有出路的。

　　其次，要矫正不良习惯，提高自理能力。尤其是青少年，在踏入社会前，受到长辈的过分溺爱，长期生活在饭来张口、衣来伸手的特殊环境中，养成了离不开"拐棍"的生活习惯，事事都要依赖他人。踏入社会后，工作上遇到一点难题，不是开动脑筋，以自己的能力把它解决，而是采取逃避的办法，依赖同事或领导去解决，这样又怎么能适应新的生活和新的工作环境呢？

　　学会自力更生，就能丰衣足食。这个道理亘古不变。

人生箴言

　　不要总想着去借助外物来获得成功，去掉依赖心理，靠你自己的实力来赢得一切。这是超越自己、获得成功的最好方法。

保持自己的个性

清代乾隆年间，有两个书法家，一个极认真地模仿古人，讲究每一笔每一画都要有出处，酷似某某，如某一横要像苏东坡的，某一竖要像李太白的。自然，一旦练到了这一步，他便颇为得意。另一个则正好相反，不仅苦苦地练，还要求每一笔每一画都不同于古人，讲究自然，直到练到了这一步，才觉得心里头踏实。

有一天，两个书法家相遇，前者嘲讽后者说："请问仁兄，您的字有哪一笔是古人的？"后者并不生气，而是笑眯眯地反问了一句："也请问仁兄一句，您的字，究竟哪一笔是您自己的？"前者听了，顿时张口结舌。

从创造学的观点看，第一个书法家毫无出息，除了没完没了地重复别人，实在是一无所有，可怜至极；第二个书法家则孜孜不倦地钻研，造就自己独特的个性，做到了"我就是我"！

齐白石先生有一句名言："学我者生，似我者死。"个性是区别大众的。正因为个性的差异，才构成人生万象的异彩纷呈，才谈得上相互学习、相互促进、相互吸引、心心相印，才能感受到别有洞天的人生乐趣。

初涉社会的年轻人容易走入的误区之一，就是盲目地模仿成功人士，而丢失了自己的个性。要知道，人和人自身情况的不同，所处环境的差异，决定了成功的方法只能借鉴，不能模仿。

丹尼尔已经四十出头了，事业上仍无明显的成绩。他环视周遭，将自己跟身边的人比较，结果发现自己处处不如别人。

他觉得自己既没有隔壁的教授聪明，又不如街尾的企业家有钱；运动员的天赋他没有，成为达尔文、达·芬奇或伽利略就更不可能了。"我完完全全只是个普通人！一点也不突出。"他满心悲哀地想。

一天晚上，他怀着沉重的失望之情就寝，做了一个梦。在梦中，上帝看着他，问了一个简单的问题："丹尼尔，你担心自己不如你的邻居，担心自己不如聪明的达尔文，比不上有创意的达·芬奇，更不像伽利略那般惊天动地。告诉我，丹尼尔，为什么你不能在你的生命中做一回你自己呢？"

他从梦中惊醒，心脏狂跳，他突然理解到这个问题的分量，并感到如释重负。他明白了：他生命中的任务不是要去模仿别人，而是要做自己。

他终于看清了一个更有力的事实：在历史上，只会有一个丹尼尔，正如只有一个达尔文、一个达·芬奇和一个伽利略一样。然而，就算这三名了不起的人物加在一块儿，也没办法成为丹尼尔。

所以，要想成功，必须走出自己的路来，老跟在别人屁股后边学，可能会获得一点成绩，但不能获得人生的成功。

人生箴言

　　成功者都是有个性的，没有个性的成功者几乎是不存在的。因此，要根据自己的个性，去设计一条成功的路线和方法，以利最大限度地实现自我。

责任比能力更重要

　　乔塬是个主管货物过磅秤的小职员，到一家钢铁公司工作还不到一个月，他就发现很多矿石并没有被充分地冶炼，一些矿石中还残留着未被冶炼好的铁。他想，如果继续这样下去的话，公司岂不是会遭受很大的损失？

　　于是，他找到了负责冶炼工作的工长，向他道出了自己的想法。这位工长说："如果技术有了问题，工程师一定会跟我说，现在还没有哪一位工程师跟我说过这个问题，说明现在还没有出现你说的情况。"

　　乔塬相信自己的发现不会错，他又找到负责技术的工程师，对工程师提出了他的看法。工程师很自信地说："我们的技术是世界一流的，怎么可能会有这样的问题？"工程师并没有重视乔塬所说的问题，还暗自认为：一个刚刚毕业的大学生能明白多少，不会是因为想博得别人的好感而表现自己吧？

但是乔塬并没有就此放弃自己的观点，他认为这是个很重要的问题，必须彻底弄个清楚。于是他拿着没有冶炼好的矿石找到了公司负责技术的总工程师，他说："总工，我认为这是一块没有得到充分冶炼的矿石，您认为呢？"

总工程师看了一眼，说："没错，年轻人！你说得对，哪里来的矿石？"

乔塬说："我们公司的。"

"怎么会？我们公司的技术是一流的，怎么可能会有这样的问题？"总工程师很诧异。

"工程师也这么说，但事实确实如此。"乔塬坚持道。

"看来是出问题了。怎么没有人向我反映？"总工程师有些发火了。

总工程师立即召集负责技术的工程师来到车间，果然发现了一些冶炼得并不充分的矿石。经过检查发现，原来是监测机器的某个零部件失灵，才导致了这一后果。

公司总经理知道这件事后，不但奖励了乔塬，而且还晋升他为负责技术监督的工程师。总经理不无感慨地说："我们公司并不缺少工程师，但缺少的是负责任的工程师。工程师没有发现问题事小，别人提出问题还不以为然事大。对于一个企业来讲，人才是重要的，但更重要的是真正有责任感的人才。"

乔塬之所以能获得工作上的初步成功，并非因为他的能力超群，而完全是由于责任感的驱使。矿石中残留着未被冶炼好的铁，相信不只他一个人发现了，但只有他本着责任心，坚持指出这个问题，甚至冒着遭人讥笑的风险也不让步，这就很珍贵了。

初涉社会的年轻人经常听到这样的教诲："不要多管闲事，做好自己分内的事就行了。"事实真的如此吗？有的人即便是自己分内的事，也未必能勇敢地承担起责任。也许由于害怕老板的责罚，也许担心被扣奖金，常常故意隐瞒错误，推卸责任。活在这个世界上的每一个人都有自己的责任，为保全一己的利益而推卸责任的人，终会为自己的行为感到羞耻、内疚与不安，良心会受到更重的惩罚。

而真正理解"责任"二字的人，是不会害怕承担责任的，他甚至能勇于承担额外的责任，乔塬就是这样的人。

一般来说，一个人如果想取得超常的成就，他必然就要承担更多额外的责任。长远地看，付出与收获是紧密联系的。如果你在工作中只是敷衍了事，连本职工作中最基本的职责也懒得承担，那么你只能得到敷衍你的报酬；如果你尽心尽力地投入到你的工作当中去，做到尽职尽责，那你将获得丰厚的回报；如果你在尽职尽责的基础上敢于承担更多额外的责任，那么你将获得意想不到的收获。

 人生箴言

在现代社会里，绝大多数的人都必须从基层做起。年轻人，你想获得什么样的报酬和成就，很大程度上取决于你的责任感。有责任心的人迟早会被证明——他们是优秀的人。

把梦想交给自己

19 世纪初，美国一座偏远的小镇里住着一位远近闻名的富商，富商有个 19 岁的儿子叫伯杰。

一天晚餐后，伯杰欣赏着深秋美妙的月色。突然，他看见窗外的街灯下站着一个和他年龄相仿的青年，那青年身着一件破旧的外套，清瘦的身材显得羸弱。

他走下楼去，问青年为何长时间地站在这里。

青年满怀忧郁地对伯杰说："我有一个梦想，就是自己能拥有一座宁静的公寓，晚饭后能站在窗前欣赏美妙的月色。可是这些对我来说简直太遥远了。"

伯杰说："那么请你告诉我，离你最近的梦想是什么？"

"我现在的梦想，就是能够躺在一张宽敞的床上舒服地睡上一觉。"

伯杰拍了拍他的肩膀说："朋友，今天晚上我可以让你梦想成真。"

于是，伯杰领着他走进了富丽堂皇的公寓，把他带到自己的房间，指着那张豪华的软床说："这是我的卧室，今晚你就睡在这儿，保证像天堂一样舒适。"

第二天清晨，伯杰早早就起床了。他轻轻推开自己卧室的门，却发现床上的一切都整整齐齐，分明没有人睡过。伯杰疑惑地走到花园里。他发现，那个青年人正躺在花园的一条长椅上甜甜地睡着。

伯杰叫醒了他，不解地问："你为什么睡在这里？"

青年笑笑说："你给我这些已经足够了，谢谢！"说完，青年头也不回地走了。

30年后的一天，伯杰突然收到一封精美的请柬，一位自称是他"30年前的朋友"的男士邀请他参加一个湖边度假村的落成庆典。

尽管伯杰未能想起这位朋友是谁，他还是如期赴约了。那天，在豪华的湖边度假村，伯杰有幸领略了当时最典雅的建筑，也见到了众多社会名流。接着，他看到了即兴发言的庄园主特纳。

"今天，我首先感谢的就是在我成功的路上，第一个帮助我的人。他就是我30年前的朋友——伯杰……"说着，特纳在众多人的掌声中，径直走到伯杰面前，并紧紧地拥抱了伯杰。

此时，伯杰才恍然大悟。眼前这位声名显赫的大亨特纳，正是30年前那位贫困青年。

酒会上，特纳对伯杰说："当你把我带进寝室的时候，我真不敢相信梦想就在眼前。那一瞬间，我突然明白，那张床不属于我，这样得来的梦想是短暂的。我应该远离它，我要把自己的梦想交给自己，去寻找真正属于我的那张床！现在我终于找到了！"

在现实生活中，人人都有自己的梦想，但梦想的实现却并非易事。抱有不劳而获、异想天开思想的人，最终只会悲观失望，抱怨命运残酷，因为老天从不眷顾只想不做的人。

真正的成功是不会依赖别人给予的，更不是凭侥幸获胜，否则就像下面这个故事里的老鼠一样落得悲惨的下场。

一只四处漂泊的老鼠在佛塔顶上安了家。

佛塔里的生活实在是幸福极了，它既可以在各层之间随意穿越，又可以享受到丰盛的供品。它甚至还享有别人所无法得到的特权，那些为人崇敬的经书，它可以随意咀嚼；人们膜拜敬仰的佛像，它可以在其周边自由走动。

当善男信女们烧香叩头拜佛的时候，这只老鼠嗅着烟气，竟然自我陶醉起来，觉得自己在佛像一旁也有着很高的地位。有一天，一只饿极了的野猫闯了进来，它一把将老鼠抓住。

"你不能吃我！你应该向我跪拜！"这位"高贵"的俘虏抗议道。

"你以为人们是向你跪拜的吗？你弄错了！在我眼里你什么都不是。"野猫讥讽道，然后，像掰一只汉堡包那样把老鼠撕成了两半。

这个故事告诉我们，凭借侥幸获得的成功只是一时的，不可能长久。

 人生箴言

美丽的梦想要靠自己的努力去实现，雄壮、悠扬的人生乐章靠自己去弹奏，精彩的人生靠自己去谱写。

不断提升自我

　　一位成功学家曾聘用一名年轻女孩当助手，替他拆阅、分类信件，薪水与相关工作的人相同。有一天，这位成功学家口述了一句格言，要求她用打字机记录下来："请记住，你唯一的限制就是你自己脑海中所设立的那个限制。"

　　她将打好的文件交给老板，并且有所感悟地说："你的格言令我大受启发，对我的人生很有价值。"

　　这件事并未引起成功学家的注意，但是却在女孩心目中烙上了深刻的印记。从那天起她开始在晚饭后回到办公室继续工作，不计报酬地干一些并非自己分内的工作，譬如，替老板给读者回信。

　　她认真研究成功学家的语言风格，以至于回信写得与老板一样，有时甚至更好。她一直坚持这样做，并不在意老板是否注意到自己的努力。终于有一天，成功学家的秘书因故辞职，在挑选合适人选时，老板自然而然地想到了这个女孩。

在没有得到这个职位之前已经身在其位了，这正是女孩获得这个职位最重要的原因。当下班的铃声响起之后，她依然坚守在自己的岗位上；在没有任何报酬承诺的情况下，她依然刻苦训练，最终使自己有资格接受这个职位。

这名年轻女孩如此优秀，引起了更多人的关注，其他公司纷纷提供更好的职位邀请她加盟。为了挽留她，成功学家多次提高她的薪水，与最初当一名普通速记员时相比已经高出了四倍。

女孩的成功就在于不计较一时的得失，不断地学习、提升自己，使自己成为能够独当一面的人。

成长如逆水行舟，不进则退。你必须保持一颗不断学习进取的心。学习的目的不仅是为了增加知识，而且要根据自身情况不断地总结和领悟。

那么，怎样学习才能提升自己呢？

首先，克服惰性，不做知识的懒虫，投资自己，提高自己的附加值，培养自己不论处于什么情况下都能存活的本领。你可以在上班时间动脑筋思考改进自己的工作，或者利用下班休息时间充电学习。

其次，对工作不要挑三拣四，要把每一项工作都看作锻炼和提升自己的机会。无论什么工作都积极地去完成，从中学习、成长。

 人生箴言

使自己变得不可替代，不断提升自我价值，就会出现快速升值的发展空间。

从工作中发现快乐

一座小村庄里有一位中年邮差，他从刚满 20 岁起便开始每天往返 50 公里的路程，日复一日将悲欢忧喜的故事送到居民的家中。就这样 20 年一晃而过，物是人非，几番变迁，唯独那条从邮局到村庄的道路从过去到现在依然如故，始终没有一枝半叶，四顾所及，唯有飞扬的尘土。

"这样荒凉的路还要走多久呢？"

他一想到必须在这无花无树充满尘土的路上，踩着脚踏车度过他的人生时，心中总是有些遗憾。

有一天当他送完信，心事重重准备回去时，刚好经过了一家花店。

他走进花店，买了一把野花的种子，并且从第二天开始，带着这些种子把它们撒在往来的路上。

就这样，经过一天，两天，一个月，两个月……他始终持续播撒野花的种子。

　　没多久，那条已经来回走了 20 年的荒凉道路，竟开起了许多姹紫嫣红的花朵，四季盛开，永不停歇。

　　种子和花香对村庄里的人来说，比邮差一辈子送达的任何一封邮件更令他们开心。

　　在开满花瓣、飘着花香的道路上吹着口哨、踩着脚踏车的邮差，从此不再是个孤独的邮差，也不再是个愁苦的邮差了。他每天都非常快乐。

　　这个社会，能够轰轰烈烈干出大事业的人毕竟是少数人，更多的人和这位邮差一样，日复一日地重复着似乎单调无趣的工作。我们的人生是否幸福快乐，也和工作紧密相关。但，人生是否幸福快乐，不是取决于我们干什么样的工作，而是我们对工作的态度。就像这位邮差一样，虽然还是重复着单调的工作，但因为换了心情，学会了从工作中发现快乐，他也就从愁苦、孤独的邮差变成了快乐的使者。

　　纵观古今中外，人们对工作的认识和态度主要有三种：一是当"副业"，认为"岗位"就像"笼子"，既艰苦又无自由，不想干；二是当"职业"，认为"有碗饭吃就行"，做一天和尚撞一天钟，干不好；三是当"事业"，认为生命与工作不能分离，将工作与快乐合二为一，既不因辛苦而抱怨，也不因困难而退缩。由此可见，把工作当享受，才是科学而睿智的选择，才能达到"人因工作而完美，工作因人而完善"的境界。著名作家罗曼·罗兰说过："一个人慢慢被时代淘汰的最大原因，不是年龄的增长，而是学习热情的下降、工作激情的减退。"

　　人生，不能为了成功而工作，更应为了享受而工作。也许有人会说："把工作当享受，怎么可能？"其实世上的许多事情，正如美国前总统林肯所言："一些事情人们之所以不去做，只是认为不可能。而许多不可能，只存在于我们的想象之中。""享受工作"也是这样，只要我们以积极的心态去对待哪怕是最简单平凡的工作，也能从工作中发现快乐。

人只有把工作当享受，才能保持良好的情绪，不论什么工作，无论什么样的环境，都会感到快乐，而且是越快乐越有成效，越有成效越快乐。反之，如果把工作当负担、当痛苦，就会越干越难受，任何简单的事情都会变得无聊和困难，即使工作不卖力气，也会感到精疲力竭。

实践表明，只有把工作定位在"享受"的高度，才能不断超越自我。

 人生箴言

如果将工作视为义务，人生就成了地狱；如果将工作视为乐趣，人生就成了乐园。

第二篇

身处困境时的超越

美丽的眼睛

　　罗西一个人独自坐了一个座位间，直到列车到达罗哈那才上来一位姑娘。为这位姑娘送行的夫妇可能是她的父母，他们似乎对姑娘这趟旅行不放心。那位太太向她作了详细的交代：东西该放在什么地方，不要把头伸出窗外，等等。

　　罗西是个盲人，心里有几分自卑，尤其是面对一个姑娘时。因此，他会尽可能避免对她的注意，但他又是那么地渴望与别人交流。

　　"你是到台拉登去吗？"火车出站时罗西小心翼翼地问那个姑娘。

　　罗西的声音吓了她一跳，她低低地惊叫一声，说道："对不起，我不知道这里有人。"

　　啊，这是常事，眼明目亮的人往往连鼻子底下的事物也看不到，也许他们要看的东西太多了，而那些看不见的人反倒能靠着其他感官确切地注意到周围的事物。不过，她说话的声音真是清脆甜润。

　　"我开始也没看见你，"罗西说，"不过我听到你进来了。"罗西不想让她发觉自己是个盲人，罗西想，只要自己坐在窗口不动，她大概是不容易发现庐山真面目的。

"我到萨哈兰普尔下车。"姑娘说，"我的姨妈在那里接我。你到哪儿去？"

"先到台拉登，然后再去穆索里。"罗西说。

"啊，你真幸运！要是我能去穆索里该多好啊！我喜欢那里的山，特别是在 10 月份。"

"不错，那是黄金季节，"罗西脑海里回想起自己少年时代所见到的情景，"漫山遍野的大丽花，在明媚的阳光下显得更加绚丽多彩。到了夜晚，坐在篝火旁，喝上一点白兰地，这个时候，大多数游客离去了，路上静悄悄的，就像到了一个杳无人烟的地方。"

她默默无语。接着，罗西犯了一个错误，他问她外面天气怎么样。

她对这个问题似乎毫不奇怪，说："你干吗不自己看看窗外？"她的声音非常安详。

罗西沿着座位毫不费力地挪到车窗边。窗子是开着的，罗西脸朝着窗外假装欣赏起外面的景色来。罗西的脑子里能够想象出路边的电线杆飞速向后闪去的情形。"你注意到没有？"罗西冒险地说，"好像我们的车没有动，是外面的树在动。"

姑娘笑了起来。

罗西把脸从窗口转过来，朝着姑娘，他突然大胆地说："你长得很漂亮！"

她开心地笑了起来，那笑声宛若一串银铃声："听你这么说，我真高兴。"

罗西想："啊，这么说来，她确实长得漂亮！"

"我马上就要下车了。"姑娘突然冒出一句。

汽笛一声长鸣,车轮的节奏慢了下来。姑娘站起身,收拾起她的东西。罗西真想知道,她是挽着发髻,还是长发散披在肩上,还是留着短发?

火车慢慢地驶进车站。车外,脚夫的吆喝声、小贩的叫卖声响成一片。车门附近传来一位妇女的尖嗓音,想必是那姑娘的姨妈了。

"再见!"姑娘说。

她站在靠罗西很近的地方,从她身上散发出的香水味撩拨着罗西的心房。罗西想伸手摸摸她的头发,可是她已飘然离去,只留下一丝清香萦绕在她站过的地方。

列车员一声哨响,列车重新开动了。车厢在轻轻晃动,发出嘎吱嘎吱的声音。罗西摸到窗口,脸朝外坐了下来。外面分明是光天化日,可罗西的眼前却是一片漆黑!现在罗西有了一个新旅伴,也许又可以小施骗技了。

"刚才下车的那位姑娘很吸引人吧?"他搭讪着说,"你能不能告诉我,她留着长发还是短发?"

"这我倒没注意,"那人有些迷惑不解,"不过她的眼睛我注意到了,那双眼睛长得很美,可对她毫无用处——她完全是个盲人,你没注意到吗?"

 人生箴言

因为某种缺失,身边有许多美好的事物被我们所忽略,弥补这一缺失的最好办法是修炼自己的心灵,让心灵长出翅膀,捕捉到你所不能发现的东西。

挺起你的胸膛

一名挪威青年漂洋过海来到法国，他要报考著名的巴黎音乐学院，考试的时候，尽管他竭力将自己的水平发挥到最佳状态，但主考官还是没能看中他。

身无分文的年轻人来到学院外不远的一条繁华街道上，勒紧裤带，在一棵榕树下拉起了手中的琴。他拉了一曲又一曲，吸引了无数的人驻足聆听，围观的人们纷纷掏钱放入琴盒。饥饿的他最终捧起了自己的琴盒。

就在此时，一个无赖鄙夷地将钱扔在年轻人的脚下。年轻人看了看无赖，弯下腰拾起地上的钱递给无赖说："先生，您的钱掉在地上了。"

无赖接过钱，重新扔在年轻人的脚下，再次傲慢地说："这钱已经是你的了，你必须收下！"

年轻人再次看了看无赖，深深地给他鞠了个躬说："先生，谢谢您的资助！刚才您掉了钱，我弯腰为您捡起，现在我的钱掉在地上，麻烦您也为我捡起！"

无赖被年轻人的镇定和智慧震撼了，心虚地捡起地上的钱放入琴盒，然后灰溜溜地走了。

围观者中有双眼睛一直在默默关注着年轻人，他就是巴黎音乐学院里的那名主考官。见此情景，他当即决定给这个年轻人求学的机会。

这个年轻人就是比尔·撒丁，后来成为挪威著名的音乐家，他的代表作是《挺起你的胸膛》。

当我们陷入生活低谷的时候，往往会招致许多无端的蔑视；当我们处在为生存苦苦挣扎的关头，往往又会遭遇肆意践踏你人格尊严的事情。针锋相对地反抗是我们的本能，但那些缺知少德者往往会加倍地施以暴虐。我们不如理智地去应付，以一种宽容的心态化解危机，维护尊严。邪不压正，任何邪恶在正义面前最终都是无法站稳脚跟的。

80多年前的一个冬天，美国加州沃尔逊小镇上来了一群饥饿的流亡者。人们给流亡者送去饭食，他们个个狼吞虎咽，连一句感谢的话也来不及说。只有一个人例外，当镇长杰克逊大叔把食物送到他面前时，这个骨瘦如柴、饥肠辘辘的年轻人问："先生，吃了您这么多东西，你有什么活儿需要我做吗？"杰克逊说："不，我没有什么活儿需要您来做。"这个年轻人的目光顿时暗下去了，说："那我便不能随便吃您的东西。我不能不经过劳动便平白无故得到这些东西。"杰克逊想了一会说："小伙子，你愿意为我捶背吗？"说着就蹲在地上，那个年轻人便十分认真而细致地给他捶背。捶了几分钟，杰克逊站起来说："小伙子，你捶得棒极了。"说完将食物递给那个年轻人。

后来，这个年轻人留下来在杰克逊的庄园干活儿，成为一把好手。两年后，杰克逊把自己的女儿玛格珍妮许配给了他，杰克逊对女儿说："别看他现在什么都没有，可他百分之百是个富翁，因为他有尊严。"果然不出所料，20多年后，那个年轻人有了一笔让整个美国人都羡慕的财富。这个年轻人就是赫赫有名的美国石油大王哈默。虽然穷困潦倒，却仍然拥有自尊自立的精神，哈默的行为不仅赢得了别人的尊敬，也维护了自己的尊严。

尊严，是一种高尚的人格，是志存高远的境界，是不吃嗟来之食的风骨；尊严，就是任何时候都挺直自己的胸膛，堂堂正正地做人；尊严不能简单地解释为面子，更多时候表现为一种自尊心、一种价值观，一种责任感，是一种不依附于他人的奋斗精神。所以人们把自尊视为至高无上的精神瑰宝。所有财富可以用双手和智慧创造，但是，一个人如果没有了尊严，那就什么也没有了。

 人生箴言

　　越是处于困境，越要挺起自己的胸膛，维护自己的尊严。只有这样，才能赢得别人的尊重和帮助。

只要活着，就不可以放弃

一个农民，初中只读了两年，家里就没钱继续供他上学了。他辍学回家，帮父亲耕种三亩薄田。在他 19 岁时，父亲去世了，家庭的重担全部压在了他的肩上。他既要照顾身体不好的母亲，还要伺候瘫痪在床的祖母。

20 世纪 80 年代，农田承包到户。他把一块水洼地挖成池塘，想养鱼。但乡里的干部告诉他，水田不能养鱼，只能种庄稼，他只好又把水塘填平。这件事成了一个笑话，在别人的眼里，他是一个想发财但又非常愚蠢的人。

听说养鸡能赚钱，他向亲戚借了 500 元钱，养起了鸡。但是一场洪水后，鸡得了瘟病，几天内全部死光。500 元对别人来说可能不算什么，对一个只靠三亩薄田生活的家庭而言，不啻天文数字。他的母亲受不了这个刺激，竟然忧郁而死。

他后来酿过酒，捕过鱼，甚至还在石矿的悬崖上帮人打过炮眼……可都没有赚到钱。

35 岁的时候，他还没有娶上媳妇，即使离异有孩子的女人也看不上他。因为他只有一间土屋，它随时有可能在一场大雨后倒塌。娶不上老婆的男人，在农村是没有人看得起的。

但他并没有灰心，还想再搏一搏，于是四处借钱买了一辆手扶拖拉机。不料，上路不到半个月，这辆拖拉机就载着他冲入一条河里。他断了一条腿，成了瘸子。拖拉机被人从水里捞起来，已经支离破碎，成了一堆废铁。

几乎所有的人都说这个农民这辈子完了，命苦。

但是后来他终于抓住机遇，办了一家公司，慢慢发展起来。现在，他手中有两亿元的资产，过去经历的苦难和富有传奇色彩的创业经历，启发了许多人。

记者问他："在苦难的日子里，你凭什么一次又一次毫不退缩？"

他坐在宽大豪华的老板台后面，喝完了手里的一杯水。然后，他把玻璃杯子握在手里，反问记者："如果我松手，这只杯子会怎样？"

记者说："摔在地上，碎了。"

"那我们试试看。"他说。

他手一松，杯子掉到地上发出清脆的声音，但并没有破碎，而是完好无损。他说："即使有 10 个人在场，他们都会认为这只杯子必碎无疑。但是，这只杯子不是普通的玻璃杯，而是用玻璃钢制作的。"

这位农民企业家的成功经历告诉我们：人只要有一口气，只要还活着，就不能放弃。只有不放弃，才会有成功的可能。

推销大师汤姆·霍普金斯在踏入营销界之前也是非常落魄，但他一直在尝试寻找适合自己的行业。参加了推销培训班后，他发现这是很有前景的职业，决心投身其中发展。后来，他又潜心学习，钻研心理学、公关学、市场学等理论，结合现代观念推销技巧，终于大获成功。在美国房地产界三年内赚到了3000多万美元，并参与了可口可乐、迪士尼、宝洁公司等杰出企业的营销策划。他的名字进入了吉尼斯世界纪录，被国际上很多报刊称为"国际销售界的传奇人物"。

有人问他："你成功的秘诀是什么？"他回答说："每当我遇到挫折的时候，我只有一个信念，坚持到底。成功者绝不放弃，放弃者绝不会成功！"

他还说："我要坚持到底，因为我不是为了失败才来到这个世界的，更不相信'命中注定失败'这种丧气话，什么路都可以选择，但就是不能选择'放弃'这条路。我坚信自己是一头狮子，而不是一只羔羊；在我的思想中从来没有'放弃''不可能''办不到''行不通''没希望'等字眼。"

 人生箴言

不放弃就有成功的可能。每一次失败，都将会增加下次成功的概率；每一次拒绝，都能使你离"成交"更进一步；每一次不顺利，都将会为明天的幸运带来希望。成功从不等人。

悲哀总会变为欢乐

庄子曾说过一个故事，有人非常畏惧自己的影子和脚步声，因此拼命逃跑，但跑得越快，脚步声越大，影子也追得越紧。这个人越来越惊慌，最后力竭而死。他不明白只要他停步，到树荫下休息，他的身影自然会消失，脚步声也会平息。

有人说，恐惧的相反就是信心。一个折磨你，另一个抚慰你；一个禁锢你，另一个解放你；一个麻痹你，另一个赐予你力量。与其逃避恐惧，不如去谋取信心的来源。

曾有谚语说："纵使鸟儿在地上走，我们依然明白它有翅膀。"你可以借心灵的力量高飞天际，也可以让缺点把你困在地面。你该专心于你做得对、做得好的事，而非你做不到的事；你该把重点放在成功的时刻，而非失败的时光。

你或许以为你嫉妒某人，但后来仔细观察却发现，你嫉妒的并不是这个人，不是他的作为，也并非他所拥有的一切。其实，嫉妒来自对自己的兴趣和自毁的倾向，你会嫉妒是因为你拿自己和别人相比，看到自己的表现，发现其他人更好、更多、更有吸引力等。你参加的是一面倒的战争，你的对手其实是你自己。

有一对恋人因为感情发生变化而面临分手。一开始，男方难以接受这个现实，采用各种手段希望挽回这段感情。但是，事情却离他想象得越来越远了，他的精神几乎崩溃。后来，他终于明白了，给他的女友写了一封发自肺腑的信："我们原本有 50% 的可能成为夫妻，而现在，我们却有了 50% 的可能不能成为夫妻。其实两者在根本上是没有什么区别的。甚至也可以反过来说，我们原本有 50% 的可能不能成为夫妻，而现在我们仍有 50% 的可能成为夫妻。至少我们应该有 100% 的友谊。现在我更看中后者了。"男友的领悟终于给了他们和好的机会。其实，即使分手，也未必就不能获得新的美好的未来。伤痛也许会使我们更加懂得人生的意义。

所有的伤口都需要时间才能愈合，不论是身、心或精神上的创伤。然而当受伤的是你自己——因病因伤、因关系断绝或失去挚爱，因绝望或失意，你却往往觉得自己永远不可能痊愈。你可能觉得自此以后，你将永远痛苦、孤寂。痛苦将是你永远的生活状态，你的痛苦不会有尽头。

然而没有一个"今天"会成为永恒，宇宙中没有任何事物是静止不动的。倾盆大雨之后，总会有璀璨的阳光和绚丽的彩虹。"一切都会过去"的谚语，提醒我们"世界永远在变化，唯有变化是唯一不变"的真理，悲哀总会变为欢乐。

人生箴言

　　不要因一时的不幸而为整个人生设限，能够从一件失败的事情当中站起来的人，就是英雄。

自助者天助

宋朝著名的禅师大慧，门下有一个弟子道谦。道谦参禅多年，仍无法开悟。一天晚上，道谦诚恳地向师兄宗元诉说自己不能悟道的苦恼，并求宗元帮忙解惑。

宗元说："我能帮你的忙当然乐意之至，不过有三件事我无能为力，你必须自己去做！"

道谦忙问："是哪三件？"

宗元说："当你肚饿口渴时，我的饮食不能填你肚子，我不能帮你吃喝，你必须自己饮食；当你想大小便时，你必须亲自解决，我一点也帮不上忙；最后，除了你自己之外，谁也不能驮着你的身子在路上走。"

道谦听罢，心扉豁然开朗，快乐无比，他悟到了自我的力量。

当一个人陷入困境时，首先要抱着"自己救自己"的信念，积极寻找解决之道，因为有些事是别人不能代替你做的。而积极自助的人，也会得到别人的帮助。如果一味地埋怨、诅咒，甚至自我放弃，不仅于事无补，也将失去别人的帮助。

一位富甲一方的企业家到一个贫困地区考察。当他目睹当地一户贫困人家吃饭的情形时禁不住落泪了。原来这户人家吃饭的碗竟是几只破得不能再破的陶罐，更让他吃惊的是全家连一双像样的筷子都没有。

这位仁慈的企业家很同情这户人家，决定资助他们。可是当他走出这户人家的家门后，马上改变了主意。他看到这户人家的房前屋后都长着适合做筷子的竹子。事情明摆着，像这样的贫困，完全是由于他们缺乏改变困境的能力所导致，通过资助是解决不了根本问题的。

另一个家庭同样很贫穷。女工的丈夫早年病逝，家里欠下了巨额外债，留下两个孩子，其中一个还有残疾。女工凭微薄的薪水既要养活三个人，还要偿还债务。但这位女工脸上的笑容就像她的房间一样明朗。漂亮的门帘是她自己用纸做的，厨房里的调味品虽然只有油和盐，但油瓶和盐罐都擦得干干净净。她剪下旧鞋的鞋底，再用旧毛线织出带有美丽图案的鞋帮，穿着既好看又暖和。

女工逢人就说，家里的冰箱、洗衣机都是邻居淘汰下来送给她的，用着很好；孩子都很懂事，做完功课后还帮她干活儿……

很明显，虽然目前这两个家庭都很贫穷，但女工的家庭贫穷只是暂时的，因为凭着她乐观积极的行动，必将很快改变自己及家人的处境。

我们都记得这样一则故事：四川有一穷一富两个和尚，都想去南海，富和尚打算驾舟前往，准备多年但终未成行；而穷和尚靠着一路步行化斋，三年后终于抵南海而返。"天下事有难易乎？为之，则难者亦易矣；不为，则易者亦难矣。"改变困境并不难，只要积极行动就够了。

客观困难谁都会遇到，也不可否认它们对事情发展产生的阻碍作用；但懒惰、不思进取、自暴自弃，这些不良的主观因素才是导致人陷入困境的直接原因。成功者之所以能够登高望远、有所建树，靠的是"板凳要坐十年冷"的执着、"搜尽奇峰打草稿"的积淀和"三更灯火五更鸡"的勤奋。要想有所改变，就应该立即行动、勤奋耕耘。

 人生箴言

自立、自助者才能自救，遇到困难的时候不要首先想到寻求别人的帮助，自己可以办到的事情，先自己动脑筋想一想，动动脑子，问题或许很快就迎刃而解了。

借助微笑的力量

曾看到一篇题为《第八次微笑》的文章，读后让人难忘：飞机起飞前，一位乘客请求空姐给他倒一杯水服药，空姐很有礼貌地说："先生，为了您的安全，等飞机进入平稳飞行后，我会立刻把水给送来。"可是，等飞机起飞后，这位空姐却把这件事给忘了，待乘客的服务铃急促地响起来时她才想起送水的事情。空姐小心翼翼地微笑着对那位乘客说："对不起，先生，由于我的疏忽延误您吃药的时间，我感到非常抱歉。"那位乘客严厉地指责了空姐，说什么也不肯原谅，并说要投诉她。

接下来的飞行中，空姐一次又一次微笑着询问那位乘客是否需要帮助，但那位乘客不理不睬。临到目的地时，那位乘客要求空姐把留言本给他送来，很显然要投诉她。此时空姐心中十分委屈，但她仍然显得很有礼貌，微笑着说："先生，请允许我再次向您表示真诚的歉意，无论您提什么意见，我都将欣然接受。"那位乘客准备说什么却没开口。

乘客离开后，空姐不安地打开留言本，她惊奇地发现那位乘客在本子上写的并不是投诉信，而是一封热情洋溢的表扬信。信中有这样一段话："在整个过程中，你表现出的真诚歉意，特别是你的第八次微笑深深地打动了我，使我最终决定将投诉信改成表扬信。你的服务水平很高，下次如有机会，我还会乘坐这趟航班。"

是什么力量使那位乘客的心情由阴转晴，不仅放弃了投诉，还写出热情洋溢的表扬信呢？是空姐那一次又一次的微笑打动了他。据心理学家研究，微笑与形象之间有着一种微妙、奇特的关系。微笑作为一种面部表情，它不仅是形象的外在表现，而且也反映着人的内在精神状态。一个面带真诚微笑的人，往往会是一个奋发进取、乐观向上的人，一个对工作、生活、亲人、朋友充满热情的人。

微笑能够打动人心，并能帮助你，使看似不可能的事成为可能。希尔顿饭店的成功，也正是得益于希尔顿的"微笑服务"策略。

1919年，希尔顿把自己好不容易赚来的3000美元以及父亲留给他的1.2万美元全都投资出去，开始了他在饭店业的冒险生涯。

凭借着精准的眼光与良好的管理，很快，希尔顿的资产就由1.5万美元奇迹般地扩增到几千万美元，他欣喜地把这个好消息告诉了自己的母亲。

可是，母亲意味深长地对希尔顿说："我想，对我来说钱多钱少，你还是以前的你，没有什么两样。你必须把握比5000万美元更值钱的东西——除了对顾客诚实外，还得想办法让在希尔顿饭店住过的人记住这里。你得想一种简单、容易，又不花钱且能行之久远的办法来吸引顾客。只有这样，你的饭店才有前途，也才能立于不败之地。"

母亲的话让希尔顿猛然醒悟，自己的饭店确实面临着这样的问题。于是，他每天都到商店和饭店里参观，以顾客的身份来感受一切，他终于得到了一个答案："微笑服务"。只有这种服务方式，才能实实在在地吸引顾客以便记住这里。

　　从此之后，希尔顿就在饭店里引入了"微笑服务"的经营策略。他要求每一个员工不管多么辛苦，都要对顾客报以微笑，就连他自己都随时保持微笑的姿态。

　　所以，在美国经济危机爆发的几年中，虽然有数不清的大饭店纷纷倒闭，最后仅剩下 20% 的旅馆惨淡经营。但就是在这样残酷的环境中，希尔顿饭店的服务人员却依然保持着微笑。因此，经济危机引起的大萧条刚刚过去，希尔顿饭店就率先进入了黄金时代，并将触角延伸到世界各地。

 人生箴言

　　生命中免不了会有伤痛与挫折，但是要调整好自己的心态，请时刻记住：微笑可以给你带来温馨、友谊和成功。

学会努力尝试

听说一所初中招聘教师，在小学已工作了两年的小王想换个环境，以利自己今后的发展。她准备材料、演讲、试教，一路拼搏，竟也通过了。

去学校报到那天，会议室已坐满了人，估计是全校的教师都来了。新招聘来的老师作了自我介绍后，校长就给大家分配工作。念到小王时，她大吃一惊：学校安排她带初一的英语。

这可真是让小王为难。读书时，小王的英语成绩一直不好，自己都没有一桶水怎么能给学生一碗水呢？会后，小王向校长解释了情况，校长听后一笑说："你就别谦虚了，相信自己，一定能教好的。"

小王听了真是哭笑不得。初来乍到，给人留个好印象非常重要。为不让人说她挑三拣四的，她硬着头皮挺了上去。

就这样，她把休息日都交给了 ABC，翻资料、听录音、请教别人，就连吃饭、睡觉时也不忘在嘴里嘟囔几句、手里比画几下，同事们都说她神经兮兮的。一学期下来，她所带的班级期末统考竟排在年级前三名之列，上的公开课还得到了教研员的赏识和好评，还在几家教学刊物上发表了多篇业务论文。

在一次偶然的交谈中，小王从校长口中得知，他早就了解了小王的有关情况，无奈当时学校英语老师极其匮乏，所以才出此下策。

求学时，小王的几门功课中英语最差，也曾努力过，可没多大效果，她认为自己没这方面的天赋，只得任其"随波逐流"。而这次之所以能将英语方面的潜能发挥出来，则是因为小王面对压力没有退路。压力之下，潜能得到了激发，从而帮她走出了困境。

事实上，每个人的体内都潜伏着巨大的潜能，但这种潜能酣睡着，一旦被激发，便能干出惊人的事业来。

在美国西部某市的法院里有一位法官，他中年时还是一个不通文墨的铁匠。到60岁的时候，他却成为了全城最大的图书馆的主人，获得许多读者的赞誉，被人认为是学识渊博、为民谋福利的人。这位法官唯一的愿望，就是帮助同胞们接受教育，获得知识。而他自身并没有接受过系统的教育，为何会产生这样的宏大抱负呢？原来是因为他偶然听了一篇关于"教育之价值"的演讲。演讲唤醒了他潜伏着的才能，激发了他远大的志向，从而使他做出了这番造福当地民众的事业来。

在人的一生中，无论何种情形下，你都要不惜一切代价，融入一种可能激发你的潜能的氛围中、可能激发你走上自我发达之路的环境里。努力接近那些了解你、信任你、鼓励你的人，这对于你日后的成功具有莫大的影响。你更要与那些努力要在世界上有所表现的人接近，他们往往志趣高雅、抱负远大。接近那些顽强奋斗的人，你在不知不觉中便会深受他们的感染，养成奋发有为的精神。如果你做得还不十分完美，那些在你周围向上攀登的人，就会鼓励你做更大的努力、做更艰苦的奋斗。

 人生箴言

　　面对困境，不要胆怯退缩，要勇敢地面对，将困境作为挖掘自己潜力的机会。

心中永远有希望

亚历山大大帝给西方世界和东方世界带来了文化的融合，开辟了一直影响到后来的丝绸之路的丰饶世界。据说他投入了全部青春的活力出发远征波斯之际，曾将他所有的财产分给了臣民。

为了登上征伐波斯的漫长征途，他必须买进种种军需品和粮食等物，为此他需要巨额的资金，但他已经把自己所有的财宝和土地全部分给臣民了。

大臣庞尔狄迦斯对亚历山大的处境和打算深表忧虑，便问他："陛下带什么启程呢？"

亚历山大回答说："我只有一个财宝，那就是'希望'。"

庞尔狄迦斯听了这个回答后说："那么请允许我们也来分享它吧。"于是他谢绝了分配给他的财产，随后许多大臣也仿效了他的做法。

在人生的征途中，最重要的既不是财产，也不是地位，而是在自己胸中像火焰一般燃烧的信念，即希望。因为只有那种毫不计较得失、为了巨大希望而活下去的人，才会在困难面前永不退缩；只有与时俱进、终生怀有希望的人，才是具有最高信念的人，才会成为人生的胜利者。

有位医生素以医术高明享誉医学界，事业蒸蒸日上。但不幸的是，就在某一天，他被诊断患有癌症。这对他无疑是当头一棒。他一度情绪低落，但最终还是接受了这个事实，而且他的心态也为之一变，变得更宽容、更谦和、更懂得珍惜所拥有的一切。在勤奋工作之余，他从没有放弃与病魔搏斗。就这样，他已平安度过了好几个年头。有人惊讶于他的现状，就问他是什么神奇的力量在支撑着他。这位医生笑盈盈地答道："是希望。几乎每天早晨，我都给自己一个希望，希望我能多救治一个病人，希望我的笑容温暖每个人。"

人都会有疲倦的时刻，无论是工作还是生活，倦了、累了、疲了、乏了、厌了……如何重整旗鼓，让自己保持旺盛的精力、工作动力，是我们一生都要面对的事情。因为生活具有不可知性，便也决定了困苦的不可知，如果困苦大得让我们难以负担，我们该如何面对？如果你心中的"希望"大过失望，你就一定有咬牙坚持下去的力量。

 人生箴言

如果你想拥有一个快乐的人生，就必须以无比的信心及希望，克服多疑及绝望的心态。太早失去希望的人，将会失去一切；从未放弃希望的人，最后将赢得人生。

遇见勇敢超越的自己

放下包袱

由于外敌侵略，一个小部落的人们纷纷离开家乡去逃难。

他们逃到河边，挤到仅有的一条小船上，刚要开船，岸边又来了一个人。

他不断挥手，要求把他捎上，船家说："船已经超载了，你得把你背的那个大包袱扔掉，不然会把船压沉的。"

那人犹豫不决，因为他背的都是非常重要的东西。

船家说："谁又没有舍不得扔的重要东西呢？可是他们都扔掉了，如果不扔，船早就压沉了。"

那人还是下不了决心。

船家说："你想想看，到底人重要还是包袱重要？这一船人重要还是你一个人重要？你总不能让这一船人都为你的包袱提心吊胆吧？"

事情就是这样简单，无论面临多么艰难的处境，你都要把心理上的包袱扔掉，因为它虽然只属于你一个人，但是由于你背着它不肯放下，整整一船人都感受到它的巨大压力，这一船为你提心吊胆的人里，有你的父母、你的兄弟、你的姐妹，还有你的朋友……

一位哲人说过："很多时候，我们看到的是一些并不重要的地方：别人的事情做了没有？做对了没有？做好了没有？如果别人做的事情与我们有直接的关系或有不良的影响，马上就会成为我们的负担。其实这是他们的问题，别人的行为对我们应该是没有关系的，所以我们应该放下这些包袱，不要把注意力集中在一些不属于我们的问题上。"

很多小事加在一起就会变成大事，尤其是当我们把注意力集中在这些事情上的时候，我们会越来越放不开，直到这些事情成为我们生活的全部。如果经常处于紧张、忧虑的状态，久而久之，我们就会失去本应有的观察力和判断力。

这时候我们应该问问自己，是不是已经被一些事情不知不觉地控制而失去了做人的自由？

生活中，权力、金钱、荣誉、生命、美貌、地位……如果不能正确对待，如果太贪婪了，想把它们全部占为己有，这些东西就会变成沉重的包袱。直到有一天，我们无法再承受这种负担而对生活失去了兴趣，一切就晚了。

最好的方法是自己解放自己，找回自我。犹如我们站在宇宙之外看世界一样，世界是那么渺小，这样我们便会放下包袱了。如果拥有了这种能力，也就是达到了一个自由境界，并流露出发自内心的轻松、舒服与自豪。

放下手中的包袱，放下心中的包袱，才能轻装前进。

拥有健康的心态

一个人如果下决心要成为什么样的人，或者下决心要做成什么样的事，那么，意志力就会站在他这一边，使他心想事成、如愿以偿。哪怕他是个身有残疾的人，也能做出一个健康人的成就。

罗伯特·巴拉尼 1876 年出生于奥匈帝国首都维也纳，他的父母均是犹太人。他年幼时患了骨结核病，由于家庭经济不宽裕，此病无法得到根治，使他的膝关节永久性地僵硬了。父母为自己的儿子伤心，巴拉尼当然也痛苦至极。但是，懂事的巴拉尼，尽管才七八岁，却把自己的痛苦隐藏起来，他对父母说："你们不要为我伤心，我完全能做出一个健康人的成就。"

巴拉尼从此下定决心，埋头读书。父母交替着每天接送他到学校，一直坚持了 10 多年，风雨无阻。巴拉尼没有辜负父母的心血，也没有忘掉自己的誓言，读小学、中学时的成绩一直优异，名列前茅。

18 岁时，他进入维也纳大学医学院学习。1900 年，他获得了博士学位。大学毕业后，巴拉尼留在维也纳大学耳科诊所工作，当一名实习医生。由于巴拉尼工作很努力，在该大学医院工作的著名医生亚当·波利兹对他很赏识，对他的工作和研究给予热情的指导。巴拉尼对眼球震颤现象进行了深入研究和探源，经过三年努力，于 1905 年 5 月发表了题为《热眼球震颤的观察》的研究论文。这篇论文的发表，引起了医学界的关注，标志着耳科"热检验"法的产生。巴拉尼深入钻研，通过实验证明内耳前庭器与小脑有关，从此奠定了耳科生理学的基础。

1909 年，亚当·波利兹病重，他把耳科研究所的事务及在维也纳大学担任耳科医学教学的任务，全部交给了巴拉尼。繁重的工作担子压在巴拉尼肩上，他不畏劳苦，除了出色地完成这些工作外，还继续对自己的专业进行深入研究。1910 年至 1912 年，他的科研工作成果累累，先后发表了《半规管的生理学与病理学》和《前庭器的机能试验》两本著作。由于他对工作和科研有突破性的贡献，奥地利皇家授予他爵位。1914 年，他获得了诺贝尔生理学及医学奖。

巴拉尼一生发表的科研论文有 184 篇，治愈了许多耳科绝症。他的成就卓著，当今医学上探测前庭疾患的试验和检查小脑活动及其与平衡障碍有关的试验，都是以他的姓氏命名的。

心态的健康，使得巴拉尼的人生毫无缺憾。肢体上的障碍，在他的乐观面对下，转化为成功的荣耀。这样一位为生命讴歌的勇者，让人们体会到：生命真正的价值是拥有健康的心灵。

人生箴言

　　身体上的残疾不会阻碍一个人的成功，只要你还拥有一个健康的心态。

不妨弯曲

加拿大魁北克有一条南北走向的山谷。山谷没有什么特别之处，唯一能引人注意的是它的西坡长满松、柏、女贞等树，而东坡却只有雪松。这一奇异的景观，令许多人大惑不解。揭开这个谜的，是一对夫妇。

1993年冬天，这对夫妇的婚姻正濒于破裂的边缘，为了找回昔日的爱情，他们打算进行一次浪漫之旅，如果能找回就继续生活，否则就友好分手。他们来到这个山谷的时候，下起了大雪。他们支起帐篷，望着漫天飞舞的大雪，发现由于特殊的风向，东坡的雪总比西坡的大且密。不一会儿，雪松上就落了厚厚的一层雪。不过，当雪积到一定程度，雪松那富有弹性的枝丫就会向下弯曲，直到雪从枝上滑落。这样反复地积雪、压弯、坠落，雪松竟然完好无损，但其他树木的树枝都被压断了。妻子发现了这一景观，对丈夫说："东坡肯定也长过杂树，只是不会弯曲才被大雪摧毁了。"少顷，两人突然明白了什么，拥抱在一起。

生活中我们承受着来自各方面的压力，日积月累，终于使我们难以承受。这时候，我们需要像雪松那样弯下身来，释下重负，才能够重新挺立，避免被压断的结局。弯曲，并不是低头或失败，而是一种弹性的生存方式，是一种生活的艺术。

有一位计算机博士想找一份工作，奔波多日，四处碰壁，一无所获。万般无奈，他来到一家职业介绍所，没出示任何学位证件，以最低的学历做了登记。出乎意料的是，居然很快接到职介所的通知，他被一家公司录用了，职位是程序输入员。对一位计算机博士来说，这个职位显然是大材小用了。但是他很珍惜这份工作，因而干得很投入、很认真。不久，老板发现这个小伙子能察觉出程序中不易察觉的问题，其能力非一般程序输入员可比。此时，他亮出了学士证书，老板给他换了相应的职位。过了一段时间，老板发觉这位小伙子能提出许多有独特见解的建议，其本领远比一般大学生高明。此时，他亮出了硕士证书，老板立刻提拔了他。又过去了半年，老板发觉他能解决实际工作中遇到的所有技术难题，于是决意邀他晚上去家中喝酒。酒桌上，在老板再三盘问下，他才承认自己是计算机博士，因为工作难找，就把博士学位瞒了下来。第二天一上班，他还没来得及出示博士证书，老板已宣布他出任公司副总裁。

毋庸置疑，这位计算机博士深谙"弯曲"二字的真谛。人生之旅，坎坷多多，难免直面矮檐，遭遇逼仄。弯曲，就是在生命不堪重负的情况下，效仿雪松柔韧的品格，适时适度地低一下头、躬一下腰，抖落多余的沉重，以求走出屋檐而步入华堂、避开逼仄而迈向辽阔。唯有如此，人生之旅方可伸缩自如、游刃有余，步履稳健，一路好走。

 人生箴言

做人能懂得弯曲并敢于弯曲，是一种本领，更是一种境界。

第三篇

重大抉择时的超越

摆正自己的位置

10多年前，三井商社在伦敦分行雇了一位英国人守卫。这位守卫是一位做事认真，且有条理、一丝不苟的人。很多人都觉得，这样的人当一位守卫实在可惜。

有一天，分行经理召见他说："我想提升你，让你当办事员。薪金也可以多加一点，不知你意下如何？"

然而，这位守卫先是默不作声。过了一会儿，出乎经理意料之外的是他竟然对这个提议表示难以接受。他说："难道我有什么差错吗？我已经干了20年的守卫。但我没做过一次对不起你们的事情！为什么要把我宝贵的经验一笔勾销，调我去做生疏的工作呢？我认为这是对我的无礼侮辱。"

任何人都有升迁更高地位、拿更多待遇的欲望。但这位守卫却主动拒绝了升迁的机会，难道他不喜欢更多的薪水？当然不是。这位守卫无疑是个清醒理智的人，他觉得自己适合干的就是守卫的工作，于是他把自己定位在守卫这个位置上。

人贵有自知之明，每个人都应当对自己的素质、潜能、特长、缺陷、经验等各种基本能力有一个清醒的认识，对自己在社会、工作、生活中可能扮演的角色有一个明确的定位。当面临重大抉择时，才能不为名利所诱惑，摆正自己的位置。

有一项调查显示：约70%的人是因为自己不适合目前的工作才被老板炒掉，而不是因为他没有工作能力。不同的人会有不同的职场定位，给自己定位准确，知道自己能干什么、不能干什么，才能逐步走向成功。

每个人都有自己的长处和短处，月薪上万元的人不一定能胜任月薪只有几百元的工作，尽管这种工作看起来很简单，比如保安、搬运、清洁、快递等。如果你是一个弱不禁风的书生，哪个公司会雇佣你去干重体力活儿呢？即使你要干，也未必能够胜任；如果你是一个专业技术人员，喜欢独自工作，那么让你去当一个大公司的经理，对你来说未必是一件好事；如果你对富有挑战性的工作感兴趣，那你就不会喜欢长时间待在办公室里工作。

有一个公司的中层干部，因为工作成绩突出，受聘担任公司的总经理。事前，他曾和朋友商量是否接受这个职务。朋友认为他当总经理，自己一定能多少沾点光，就极力怂恿他当总经理，他自己也认为当总经理很风光，所以便信心十足地接受了聘请。

但是，两年后，这家公司经营状况每况愈下，此时传出了要追究总经理责任的风声，他不得不辞去职务。

他为何在低位上获得成功，到了高位后反而失败了呢？事实上，是他不适合总经理这个职务，只是他没有清醒地认识自己罢了。他以为总经理这个职位有很高的地位，工资又高，而且人人想当，但就是没想到总经理的职责，没想到要付出哪些东西。他没有衡量自己到底有无能力胜任，以为天上掉下一个大馅饼，便乐呵呵地接受了，失败也就在所难免。

曾跟某报社一位副社长聊天，问他："您上面换了两个社长，您觉得跟哪个社长合作得比较好？"他说："人最主要的是要摆正自己的位置，如果本着一个适应环境的心态去开展工作，努力完成自己作为配角的工作任务，上面怎么换都无关紧要。因为任何一个领导都希望有人来配合他做一番事，我可能做不好一把手的工作，但我敢说做配角可能社长都不如我。"

这位副社长的一番话，既道出了自己的人生哲学，也点明了自己做事的态度：做一个配角应该做的事。正是遵循这一套富有哲理的人生理念，这位副社长在一个报社里做副职多年，一直有着良好的人际关系。十几年的配角工作，并且每一个主角都不讨厌他，确实难能可贵。

遇见勇敢超越的自己

 人生箴言

俗话说："筷子夹菜勺舀汤。"在刻意钻营名利的世界里，能摆正自己的位置，热爱自己工作并渴望达到真、善、美的完美境界的人，实属可贵。

看到事情的另一面

两个天使到一个富有的家庭借宿。这家人对他们并不友好，不让他们在舒适的客房过夜，而是在冰冷的地下室给他们找了一个角落。当他们铺床时，年纪大的天使发现墙上有一个洞，就顺手把它修补好了。年轻的天使问为什么，老天使答道："有些事并不像它看上去那样。"

第二晚，两人又到了一个非常贫穷的农家借宿。主人夫妇对他们非常热情，把仅有的一点点食物拿出来款待客人，然后又让出自己的床铺给两个天使睡。第二天一早，两个天使发现农夫和他的妻子在哭泣，他们唯一的生活来源——一头奶牛死了。年轻的天使非常愤怒，他质问老天使为什么会这样："第一个家庭什么都有，老天使还帮助他们修补墙洞；第二个家庭尽管如此贫穷还是热情款待客人，而老天使却没有阻止奶牛的死亡。"

"有些事并不像它看上去那样。"老天使的回答和上次一样，"当我们在地下室过夜时，我从墙洞看到墙里面堆满了金块。因为主人被贪欲所迷惑，不愿意分享他的财富，所以我把墙洞填上了。昨天晚上，死亡之神来召唤农夫的妻子，我让奶牛代替了她。"

人的一生常常要面临很多抉择，也许一步走错，全盘皆输。这时，就要求我们能像那位老天使一样，洞察事物的实质，看清事物的真相，才能作出正确的选择，虽然有时正确的选择在别人看来不合常理。

表面好的不一定是好的，表面不好的不一定是坏的。人总是容易被事物的外表所蒙蔽，却忽略美丽的陷阱和真正的机遇。

陷阱往往有完美的伪装，人们不应该只看到事物的表面而应该看清事物的本质。可是如果真的那么容易看出就不是陷阱了，所以有些人开始畏惧抉择了。他们不但错过了机遇，也失去了锻炼自己的机会。

社会很复杂，机遇和陷阱没有绝对的界限。如果你善于抉择，陷阱也有可能变成机遇。

这就要求我们不要被事物的表象所迷惑：有的事物表象华丽，本质却肮脏；有的事物表象平淡无奇，但它的本质却美妙无穷。

 人生箴言

一个人要具有洞察能力，自己首先要力争做到表里如一，心理世界的健康是人生健康的前提。

如何生活取决于你的选择

有三个人要被关进监狱三年，监狱长说可以满足他们三个人每人一个要求。

美国人爱抽雪茄，要了三箱雪茄。

法国人最浪漫，要一个美丽的女子相伴。

而犹太人说，他要一部与外界沟通的电话。

三年过后，第一个冲出来的是美国人，嘴里、鼻孔里塞满了雪茄，大喊道："给我火，给我火！"原来他忘了要火了。

接着出来的是法国人。只见他手里抱着一个小孩子，身边的美丽女子手里牵着一个小孩子，肚子里还怀着第三个。

最后出来的是犹太人，他紧紧握住监狱长的手说："这三年来我每天与外界联系，我的生意不但没有停顿，反而增长了200%，为了表示感谢，我送你一辆劳斯莱斯！"

这个幽默故事启示我们，什么样的选择决定什么样的生活。你选择什么，生活就会给予你什么。

杰克总是情绪饱满，并且总能说些积极的话，当有人问他过得怎么样时，他总是说："如果我能更好些，是因为我希望自己能更好些。"

有人好奇地问他："我不明白，你不可能一直那么积极。你是怎么做到的呢？"

杰克回答："每天起床后，我都会告诫自己：'杰克，今天你有两种选择，要么选择好心情，要么选择坏心情。'而我就选择了好心情。每次有糟糕的情形发生，我要么做一个受害者，要么从中学到一些教训。而我总是选择从中学到教训。每次有人来找我抱怨，我可以倾听他们抱怨，也可以为他们指出生活中积极的一面。我选择告诉他们积极的一面。"

"不错，可那并不容易啊。"

"不，其实很容易。"杰克接着说，"生活总是充满了选择，你会遇到各种各样的事情，你选择对这些情况作出什么反应，别人怎么影响你的情绪，是要好心情还是要坏心情。归根到底，如何生活取决于你的选择。"

你的生活取决于你自己，正如毕加索所说，画的好坏取决于画家的眼睛，生活也是如此。

世界是多彩的，世事是多变的。我们来到这世上，大部分人都是平凡无奇地度过一生，无绚丽，无颂歌。可我们每一个人都有选择人生的权利。知足，然后能无为；知不足，方能有所为。领悟了这一点，人活着就会清醒而不盲目，奋发有为而不至于庸碌一生。选定人生奋斗目标，便不懈努力、持之以恒，是一种智慧，也是一

遇见勇敢超越的自己

种幸福。

 人生箴言

选择什么样的思想，就选择什么样的行为。选择什么样的行为，就选择什么样的习惯。选择什么样的习惯，就选择什么样的性格。选择什么样的性格，就选择什么样的人生。

戒除贪欲之心

小邹是一家大公司的技术部经理，能说会道，办事果断，有魄力，很受老板的器重。

有一天，一位港商请他喝酒，港商说："最近我和你们公司在洽谈一个合作项目，如果你能把相关的技术资料提供给我一份，将会使我在谈判中占据主导地位。你帮我的忙，我不会亏待你的，如果成功了，我给你15万元报酬。这事儿只有天知、地知、你知、我知，对你没有一点儿影响。"说着，港商就把15万元的支票递给了小邹。在巨大经济利益诱惑下，小邹心动了。

谈判中，小邹所在的公司损失很大。事后，公司查明了真相，辞退了小邹，连那15万元也被公司追回以赔偿损失。

在金钱诱惑面前，出卖别人，也是出卖自己，你的身上将背负一辈子都擦拭不掉的污点，还有人敢相信你吗？没有！当一个人失掉忠诚时，连同一起失去的还有一个人的尊严、诚信、荣誉以及一个人的真正前程。

同样的事也发生在小金身上。小金是一家小公司技术部工程师。这家小公司时刻面临着规模较大公司的压力，处境很难。有一天，一家大公司的技术部经理邀请小金共进晚餐。饭桌上，这位经理问小金："只要你把公司里最新产品的数据资料给我，我会给你很好的回报，怎么样？"

一向温和的小金愤怒了："不要再说了！我的公司虽然效益不好，处境艰难。但我决不会出卖我的良心做这种见不得人的事，我不会答应你的任何要求。"

不久，小金所在的公司因经营不善而破产了，小金也失业了，一时很难找到适合的工作。没过几天，他突然接到那家大公司总裁的电话，让他去一趟总裁办公室。

小金百思不得其解，不知"老对手"找他什么事。他疑惑地到了那家大公司，出乎意料的是，那家大公司的总裁热情地接待了他，并且拿出一张大红聘书——请小金去公司做"技术部经理"。

小金惊呆了，喃喃地问："你为什么这样相信我？"

总裁哈哈一笑说："原来的技术部经理退休了，他向我说起了那件事并特别推荐你。小伙子，你的技术水平是出了名的，你的正直更是让我佩服，你是值得我信任的那种人！"

小金一下子醒悟过来了。后来，他凭着自己的技术和管理水平，成为一流的企业经理人。

一个不为诱惑所动、能够经得住考验的人，不仅不会失去机会，相反会赢得机会。此外，他还能赢得别人对他的尊重。

不要因眼前的名利所诱惑而作出后悔莫及的选择。付出总有回报，忠于别人的同时，你也会获得别人对你的信任。

冷静一下再作决定

小王对朋友诉苦说:"我要离开这个公司,我恨这个公司!"然后诉说了一堆怀才不遇、人际关系难处等烦恼。

朋友建议道:"我举双手赞成你报复!这样的破公司一定要给它点颜色看看。不过你现在离开,还不是最好的时机。"

小王问:"为什么?"

朋友说:"如果你现在走,公司的损失并不大。你应该趁着在公司的机会,拼命去为自己拉一些客户,成为公司独当一面的人物,然后带着这些客户突然离开公司,公司才会受到重大损失,陷入被动。"

小王觉得朋友的话非常在理,于是他开始努力工作。果然,事遂所愿,半年后他有了许多忠实客户。

再见面时朋友问小王:"现在是时机了,要跳槽赶快行动哦。"

小王淡然笑道:"老总跟我长谈过,准备提升我做总经理助理,我暂时没有离开的打算了。现在想来，以前其实都是我不够努力的缘故。幸好听了你的劝告，否则后悔莫及了。"

其实这也正是朋友的初衷。

在工作和生活中，我们常会遇到自己感觉不公平、不开心的事，这个时候千万不要因为心里有怨气，就一时冲动做出不顾后果的决定；不妨先冷静一段时间，认真地反省自己、分析形势，你会发现许多问题并不是想象的那样。

每个人都想成功，但切不可因为急于求成而在冲动之下作出不妥的决定。

有个业务员到一家公司谈业务，本来，凭产品的实力和他的努力，做成这笔业务是有希望的。但是，他到公司采购主管那儿，对方表示要考虑的时候，他未加考虑，便很冲动地抛出了一个诱饵：回扣！他不知道，这个采购主管也是公司的股东，最怕的就是采购这个环节出问题，所以他才亲自把关。交易的大门就这样被他自己关上了，甚至连以后的合作都没有机会了，因为公司怕他再腐蚀其他人。业务员的一时冲动让他失去了一个很好的合作机会。

还有一个朋友，是做电脑生意的，参与一笔单子（40台电脑）的投标，他怕这个单子给别人抢去，冲动之下，报了一个狂低的价格。中标后，却唉声叹气，因为要亏本了，当然，如果按合同交货，他可能只亏一点点。但是，这位朋友在利益驱使的情况下，头脑发热，把硬盘偷偷地换成了档次低的。交货后没多少天，客户发现了，要告上法庭，最后达成和解，他赔偿了一大笔钱，算是亏到家了。一时冲动，不仅让这位朋友亏了金钱，更损失了信誉。

冲动是魔鬼。当你情绪冲动时，最好不要忙着作决定，不妨先冷静下来，三思而后行，避免因为冲动的决定而遭受损失。

遇见勇敢超越的自己

人生箴言

　　生意是做不完的，钱也是挣不尽的。在考虑经济价值的同时，我们也应该考虑一下人生的价值，这样，我们的行动就有了明确的方向和目标。

常怀仁爱之心

这是发生在英国的一个真实故事。

有位孤独的老人，无儿无女，又体弱多病，他决定搬到养老院去度过晚年。当老人宣布出售他漂亮的住宅后，购买者闻讯蜂拥而至。住宅底价 8 万英镑，但人们很快就将它炒到了 10 万英镑，而且还在不断攀升。老人深陷在沙发里，满目忧郁，是的，要不是身体情况，他不会卖掉这栋陪他度过大半生的住宅。

一个衣着朴素的青年来到老人眼前，弯下腰，低声说："先生，我也好想买这栋住宅，但我只有 1 万英镑。可是，如果您把住宅卖给我，我保证会让您依旧生活在这里，和我一起喝茶、读报、散步，天天都快快乐乐的——相信我，我会用整个心来照顾您！"

老人颔首微笑，把住宅以 1 万英镑的价钱卖给了他。

这个故事启示我们，生意场上不一定非得要冷酷地厮杀和欺诈，有时，只要你拥有一颗仁爱之心就够了。

无论是生意场上，还是生活中和别人相处，都应该怀有仁爱之心，在作决定时，多替对方考虑。爱别人，也就是爱自己。

在一场激烈的战斗中，一名上尉忽然发现一架敌机向阵地俯冲下来。照常理，发现敌机俯冲时必须迅速卧倒。可上尉并没有立刻卧倒，他发现离他四五米远有一个小战士还站在那儿。他顾不上多想，一个鱼跃，飞身将小战士紧紧地压在了身下。此时一声巨响，飞溅起来的泥土纷纷落在他们的身上。上尉拍拍身上的尘土，回头一看，顿时惊呆了——刚才自己所处的那个位置被炸成了一个大坑。这也许是个巧合，但肯定的是，这位上尉对战士的仁爱之心救了战士，也救了自己。

一个对他人、对社会常怀仁爱之心的人，必定会布施行善，多给予、少掠取，使自己的心灵富足。荀子言："积善成德，而神明自德，圣心备焉。"人的一生，为他人付出得越多，他的心就越富足，他就越过得胸怀坦荡、泰然自若。一个人给予得越少，他的心灵就越干枯，他就越过得心神不宁、惴惴不安。

 人生箴言

在别人遇到困难时伸出援助之手，与人发生矛盾时用宽容和爱心化解心灵的隔阂，让友谊长在。爱他人、宽容他人，才能享受到生活的美好。

机遇不是等来的

一个人茫然地靠在一块大石头上，懒洋洋地晒着太阳。

这时，从远处走来一个怪物。

"年轻人，你在做什么？"怪物问。

"我在这儿等待时机。"他回答。

"等待时机？哈哈！'时机'什么样，你知道吗？"怪物问。

"不知道。不过，听说时机是个很神奇的东西，它只要来到你身边，那么，你就会走运，或者当上了官，或者发了财，或者娶个漂亮老婆，或者……反正，美极了。"

"嗨！你连'时机'什么样都不知道，还等什么'时机'？还是跟着我走吧，让我带着你去做几件于你有益的事吧！"怪物说着就要来拉他。

"去去去！少来添乱！我才不跟你走呢！"他不耐烦地说。

怪物叹息着离去。

一会儿，一位长髯老人来到他面前问道：“你抓住它了吗？”

“抓住它？它是什么东西？”他问。

“它就是时机呀！”

有句话说得好，机遇只青睐有准备的头脑。不要做一个守株待兔的蠢人，要积极行动，不断为自己创造时机，才能在人生的竞赛中获胜。

拿破仑·波拿巴，法国18世纪政治家、军事家，法兰西第一帝国和百日王朝皇帝。可他原来只是一个小小的尉级炮兵军官。1793年，他被派往前线，参加进攻土伦的战役。正当革命军前线指挥官面对土伦坚固的防守犯难的时候，拿破仑立刻抓住这个机会，直接向特派员萨利切蒂提出了新的作战方案。特派员苦无良策，看到拿破仑的方案很有新意，就立即任命拿破仑为攻城炮兵副指挥，并提升为少校。拿破仑抓住这个机遇，在前线精心谋划，勇敢战斗，充分显示出他的胆识和才智，最后攻克了土伦。他因此荣立战功，并被破格提升为少将旅长，终于一举成名。这为他后来叱咤风云、登上权力巅峰奠定了基础。

 人生箴言

机会只给准备好的人。“准备”二字，并非说说而已；愚者错失机会，智者善于抓住机会，成功者创造机会，都是“准备”得够与不够的结果。

不要把问题复杂化

一家公司招聘职员，面试时主考官问了这样一道算术题：10减1等于多少？

一些应试者神神秘秘地趴在主考官的耳边说："你想让它等于几，它就等于几。"

有的人说消费是10减1等于9，有的人说经营是10减1等于12，有的人说贸易是10减1等于15，有的人说金融是10减1等于20，还有的人说贿赂是10减1等于100。

只有一个应试者回答等于9，还有点犹犹豫豫。主考官问他为什么，这位应试者说："我怕照实说，会显得自己很愚蠢，智商低。"然后，他又小声地补充了一句："对获得一份好工作来说，诚实可能是这个世界上最有用的武器。"

这个诚实的人最后被录用了。事后有人问主考官为什么会出这道题。

主考官说："我们公司的宗旨就是不要把复杂的问题看得过于简单，也不要把简单的问题看得过于复杂。"

在工作和生活中，我们都需要和别人交往沟通。有的人喜欢故弄玄虚、故作高深、冒充权威，有的人喜欢把别人一句简单的话翻来覆去地想，想出若干种意思。这样一来，说者和听者都互相猜忌，把一个本来很简单的问题复杂化了，甚至脱离了事情的本质。

其实，最好的沟通方法就是客观、直截了当。有了客观的意见，就应该直截了当地表达。如果做任何事情都像打太极拳，会让人不明就里，也会造成很多误会。有一次，在微软研究院工作的一位研究人员就自己所选择的研究方向来征求李开复的意见。李给他作了一番分析，认为这个方向存在不少问题，而且学术价值不大，但如果他坚持，自己愿意支持他试着去做。这位研究人员认为李的话实际上就是不允许他去做，所以就选择了其他的研究方向。

后来他要出差时，负责行政事务的人告诉他，可以选择坐火车或者坐飞机。他认为行政人员实际上是在暗示他坐火车，因为坐飞机太贵。其实，他的猜测都是错误的。因为李开复和行政人员的沟通方式是直截了当的，而他却在自己心里"打太极拳"。

沟通中的拐弯抹角、言不由衷会浪费别人的宝贵时间，瞻前顾后、生怕说错话，会使自己变成谨小慎微的懦夫。更糟糕的是还有些人当面不说，背后乱讲，这样对他人和自己都毫无益处，最后只能是破坏了集体的团结。这样的人和作风既不能面对社会，也不可能在学术研究中走出新路，更不可能在激烈的商战中脱颖而出。

人生箴言

　　清醒而客观地看待问题，客观而直截了当地和他人沟通，不要将简单问题复杂化，也不要把复杂的问题简单化。

排除消极情绪

塞尔玛陪伴丈夫驻扎在坐落于沙漠的陆军基地里。丈夫奉命到沙漠去演习，她一个人留在陆军的小铁皮房子里，天气热得令人受不了——在仙人掌的阴影下也有华氏 125 度。她身边的墨西哥人和印第安人不会说英语，没有人可以陪她聊聊天。她非常孤独，也非常难过，于是就写信给父母，说要抛开一切回家去。

她父亲的回信只有两行，就这两行字却永远地留在了她的心中："两个人从牢中的铁窗望出去，一个看到泥土，一个却看到了星星。"塞尔玛读了这封信，觉得非常惭愧。她决定要在沙漠中找到星星。后来，她成了世界著名的沙漠专家。一个人心态不同，看到的会不同，感受到的也会不同。正是良好的心态改变了塞尔玛的命运。

小夏是个应届毕业生，从毕业前就开始担心找工作的问题。他总感觉自己的专业不够热门，学校也不是名牌，没有竞争优势。而且现在的就业形势不乐观，毕业的学长们也鲜有工作如意者，有的甚至到现在还没有稳定的工作。这样的状况让他忐忑不安，对于找工作的事一直没有信心，他觉得自己几乎没有优点可以介绍，简历的制作成了他的心病。在自信心极度匮乏的情况下，他的简历只有看上去敷衍了事的几句话，求职也自然无门。

对一件事，如果自己都认为自己不能胜任，而以消极的心态去面对，又如何说服别人相信你呢？所以，要努力排除消极情绪，不要让它左右了自己的决定。以积极的心态面对困难，事情就会慢慢向好的方向发展。

以上两个事例告诉我们，对事物的判断和以此带来的结果，取决于我们看待事物的心态。我们对事物的看法没有绝对的对错之分，却一定会有积极和消极之别，而积极和消极的方式产生的结果却又大相径庭——同样一件事情，有人看到的是转机，有人看到的却是危机。而培养积极的心态，你可以从许多人、事、物当中，洞悉他人所无法体会的绝妙世界。

 人生箴言

消极的思想造成错误的行为，积极的心态会挽救可能出现的麻烦和错误。

抓住手边的机会

一个农民从洪水中救起了他的妻子，他的孩子却被淹死了。

事后，人们议论纷纷。有的说他做得对，因为孩子可以再生一个，妻子却不能死而复活。有的说他做错了，因为妻子可以另娶一个，孩子却不能死而复活。

在那个时刻，那个农民究竟是怎么想的呢？有一个人带着疑问去拜访了那个农民。

他答道："我什么也没想。洪水袭来，妻子在我身边，我抓住她就往附近的山坡游。当我返回时，孩子已经被洪水冲走了。根本没想过该先救谁。"

其实，所谓人生的抉择便是如此。不是每一个重大选择都给你足够的时间，进行充分的理性的考虑。这个时候，你必须抓住最可能抓住的机会，否则犹豫之间，手边的机会也会失去。

印度有一位知名的哲学家，天生一股特殊的文人气质，不知迷死了多少女人。某天，一个女子来敲他的门，她说："让我做你的妻子吧！错过我，你将再也找不到比我更爱你的女人了！"

哲学家虽然也很中意她，但仍回答说："让我考虑考虑！"

事后，哲学家用他一贯研究学问的精神，将结婚和不结婚的好坏所在，分别逐条列下来，才发现好坏均等，真不知该如何抉择。

于是，他陷入长期的苦恼之中，无论他又找出了什么新的理由，都只是徒增选择的困难。

最后，他得出一个结论——人若在面临抉择而无法取舍的时候，应该选择自己尚未经历过的那一个。不结婚的处境我是清楚的，但结婚会是个怎样的情况，我还不知道。对！我该答应那个女人的央求。

哲学家来到女人的家中，问女人的父亲说："你的女儿呢？请你告诉她，我考虑清楚了，我决定娶她为妻！"

女人的父亲冷漠地回答："你来晚了10年，我女儿现在已经是3个孩子的妈了！"

哲学家听了，整个人几乎崩溃，他万万没有想到，向来自命不凡的哲学头脑，最后换来的竟然是一场悔恨。

面对唾手可得的机遇，不及时抓住，却在那里长久地犹豫，机会自然被白白浪费了。

计算机名人王安博士说，影响他一生的最大教训，发生在他6岁之时。

有一天，王安外出玩耍。路经一棵大树的时候，突然有什么东西掉在他的头上。他用手一抓，原来是个鸟巢。他怕鸟粪弄脏了衣服，于是赶紧用手拨开。

遇见勇敢超越的自己

鸟巢掉在了地上，从里面滚出了一只嗷嗷待哺的小麻雀。他很喜欢它，决定把它带回去喂养，于是连鸟巢一起带回了家。

王安回到家，走到门口，忽然想起妈妈不允许他在家养小动物的警告。所以，他轻轻地把小麻雀放在门后，匆忙走进室内，请求妈妈的允许。在他的苦苦哀求下，妈妈破例答应了儿子的请求。王安兴奋地跑到门后，不料，小麻雀已经不见了。一只黑猫正在那里意犹未尽地擦拭着嘴巴。

 人生箴言

只要是自己认为对的事情，绝不可优柔寡断，必须马上付诸行动，否则便会失去唾手可得的机会。

向大自然学习

当你遇到问题，不知道怎么办的时候，顺其自然也许是最佳选择。

世界建筑大师格罗培斯设计的迪士尼乐园，经过 3 年的精心施工，马上就要对外开放了。然而，各景点之间的路径该怎样设计还没有具体的方案。

施工部打电报给正在法国参加庆典的格罗培斯大师，请他赶快定稿，以期按计划竣工和开放。

格罗培斯是美国哈佛大学建筑学院的院长、现代主义大师和景观建筑方面的专家，他从事建筑研究 40 多年，攻克过无数个建筑方面的难题，在世界各地留下 70 多个精美的杰作。然而，建筑学中最微不足道的一点——路径设计，却让他大伤脑筋。对迪士尼乐园各景点之间的道路安排，他已修改了 50 多次，没有一次是让他满意的。

接到催促电报，他心里更加焦躁。巴黎的庆典一结束，他就让司机驾车带他去了地中海滨。他想清理一下思绪，争取在回国前把方案定下来。

汽车在法国南部的乡间公路上奔驰，这儿是法国著名的葡萄产区，漫山遍野到处是当地居民的葡萄园。一路上，他看到无数的葡萄园主把葡萄摘下来，提到路边，向过往的车辆和行人吆喝，然而很少有买的。

可是，当他的车子拐入一个小山谷时，发现那儿停满了车。原来这儿是一个无人葡萄园，你只要在路旁的箱子里投入 5 法郎，就可以摘一篮葡萄上路。据说，这是一位老太太的葡萄园，她因年迈无力料理而想出了这个办法。起初，她还担心这种办法是否能卖出葡萄，谁知在这绵延上百公里的葡萄产区，总是她的葡萄最先卖完。她这种给人自由、任其选择的做法使大师深受启发。他下车投入 5 法郎，摘了一篮葡萄，就让司机调转车头，立即返回了巴黎。

回到住地，他给施工部拍了封电报：撒上草籽，提前开放。

施工部按他的要求在乐园撒下了草籽。没多久，小草出来了，整个乐园的空地被绿荫覆盖。在迪士尼乐园提前开放的半年里，草地被踩出许多小径，这些踩出的路径有宽有窄，优雅自然。第二年，格罗培斯让人按这些踩出的痕迹铺设了人行道。1971 年在伦敦国际园林建筑艺术研讨会上，迪士尼乐园的路径设计被评为世界最佳设计。

自然界、人世间，万事万物都在按着其固有的规律运动着、发展着。春花秋月，夏荷冬雪；四季交替，日月如梭……种种规律，谁也无法改变。我们所能做的，只是去认识和利用这些规律。当我们面临上述情况时，也只能承认现实或设法避开它们。

当然，向自然学习，不是一切随波逐流，自己不作任何努力。

向自然学习的本意是：人生一定要努力奋斗，凡是能达到的目标，必须坚决达到；哪怕只有百分之一的希望，也要付出百分之一百的努力。在这时，绝不能有一丝的懈怠、一毫的侥幸，所谓"跳起来摘桃子"即如此。但是，如果一切办法都试过了、一切努力都尽到了，结果仍然达不到我们理想的目标，我们就要平静地接受这一现实，完全不必为此而责备、惩罚自己。

 人生箴言

许多东西是不可以强求的，刻意强求的某些东西或许我们终生都得不到；而我们不曾期待的灿烂，往往会在我们的淡泊从容中不期而至。

不可忽略细节

医生洛克有一次去林场度假，他对伐木这项工作很感兴趣，于是去请教一个老伐木工，了解伐木的一些知识。老伐木工告诉他，要是不知道哪棵树砍了会倒在哪里，就不要去砍它。"树总是朝支撑少的那一方倒下，所以你如果想使树朝哪个方向倒下，只要削减那一方的支撑力便成了。"他说。洛克半信半疑——因为稍有差错，就可能一边损坏一幢昂贵的小屋，另一边损坏一幢砖砌车库。

洛克满心焦虑，在两幢建筑物中间的地上画一条线。那时还没有链锯，伐树主要是靠腕劲和技巧。老伐木工朝双手啐了一下，挥起斧头，向那棵巨松树身底处一米多的地方砍去。

约半个小时后，那棵树果然不偏不倚地倒在线上，树梢离房子很远。不到一个下午，老伐木工已将那棵树伐成一堆整齐的圆木，又把树枝劈成柴薪。

老伐木工举起斧头扛在肩上，正要转身离去，却突然说："我们运气好，没有风。永远要提防风。"

老伐木工的言外之意，洛克在数年后才真正领悟到。那次他接到了一个心脏移植手术，那次手术顺利得想象不到，病人的复原情况也极好。然而，忽然间一切都出现了不正常，病人死掉了。验尸报告指出病人腿部有一处微伤，伤口感染了肺，导致整个肺丧失机能。那老伐木工的脸蓦地在洛克脑海中浮现。他的声音也响起来："永远要提防风。"简单的事情，基本的道理，需要智慧才能理解。那个病人的死，惨痛地提醒洛克"功亏一篑"这个道理。纵使那个伤口对健康的人无关痛痒，但却能夺走一个病人的生命。

千里马失足往往不是在崇山峻岭，而是在柔软青草结成的环里；在通往成功的路途中，真正的障碍，有时只是一点点疏忽与轻视。

胡刚是名牌大学的毕业生，以优异的成绩考入一个省级机关。当时他胸中豪情万丈，一心只想鹏程万里。不料上班以后才发现每日无非干些琐碎的事务，既不需要太多的智慧，也看不出什么成果，热情便在不知不觉中冷却下来。

一次系统开大会，处里彻夜准备文件，分配给他的工作是装订和封套。处长切切叮嘱："一定要做好准备，别到时措手不及。"

他听了心里更是不快，心想，初中生也会做的事，还用得着这样嘱咐？于是根本没理会。同事们忙忙碌碌，他也懒得帮忙，只在旁边看报纸。

文件终于完成，交到他手里。他开始一件件装订，没想到只装订了十几份，订书机"咔"地发出空响，书钉用完了。他漫不经心地打开装订书钉的纸盒，脑海里"嗡"的一声：里面是空的。

所有人都发动起来，到处翻箱倒柜，不知怎么搞的，平时仿佛满坑满谷的小东西，此刻竟连一根都找不到。

此时已是深夜 11 点半，而文件必须在明早 8 点大会召开之前发到代表手中。处长咆哮："不是叫你做好准备的吗？连这点小事也做不好，大学生有个屁用啊！"他只能俯首，无言以对，脸上却像挨了一巴掌似的滚烫刺痛。

几经周折，才在凌晨 4 点时，在一家通宵商务中心找到订书钉。这件事让他深深地领悟到：以十分的准备迎接三分的工作并非浪费，即便一盒小小的订书钉，也要想到。

 人生箴言

细微的破绽可能导致重大的失败，一定要考虑周全，不可忽略任何细节。

不要被外界左右

日本江户时代有位很出名的女艺人，名叫加贺千代女。有一次，一位贵族请她去府上演出。

当时府中的女佣人都知道这千代女是鼎鼎有名的人物，便拥挤着想偷偷一睹她的芳容。没想到千代女是个长相很丑的女人，所以当千代女要离开时，就有女佣在背后指指点点说："我还以为今天能看见个大美人，没想到她竟是个丑八怪。她能成为艺妓可真奇怪，早知道我也不用到厨房干活儿，去台上卖丑还能出名呢。"

这讥笑的话还故意大声说给千代女听。千代女听了这话之后，只微微地笑着说："虽有一抱之粗，但柳树依然是柳树。"

千代女的自信与睿智以及她面对讥讽毫不经意、从容不迫的态度，使在场人对她更加佩服。

一只狼出去找食物，找了半天都没有收获。偶然经过一户人家，听见房中孩子哭闹，接着传来一位老太婆的声音："别哭啦，再不听话，就把你扔出去喂狼吃。"狼一听此言，心中大喜，便蹲在不远的地方等起来。

太阳落山了，也没见老太婆把孩子扔出来。晚上，狼已经等得不耐烦了，转到房前想伺机进入，却又听老太婆说："快睡吧，别怕，狼来了，咱们就把它杀死煮了吃。"狼听了，吓得一溜烟跑回老窝。同伴问它收获如何，它说："别提了，老太婆说话不算数，害得我饿了一天，不过幸好后来我跑得快。"

别人信口开河，你就信以为真，根本不知道许多时候人家只是在拿你说事而已。不要让别人的话改变了你的正常工作、生活。

在生活中，每个人都有不同程度的从众倾向，总是倾向于跟随大多数人的想法或态度，以证明自己并不孤立。很少有人能够在众口一词的情况下还坚持自己的不同意见。

一个容易被他人和环境左右的人，必定是缺乏主见和坚定意志的人，这样的人潜能怎么能得到充分的发挥呢？只有不被外界左右，敢于坚持自己的想法和观点，才可能有所创新。

 人生箴言

随波逐流是轻松的，尤其在作出的选择转入逆水行舟时，它可能是很有诱惑力的。但要对你的生活负责，就要尊重你自己的意志，一定要坚持自己的方向，朝着自己的目标前进。

第四篇

面临危机时的超越

不必改变世界，只需要改变自己

牧师正在准备讲道的稿子，他的小儿子却在一边吵闹不休。

牧师无可奈何，便随手拾起一本旧杂志，把色彩鲜艳的插图——一幅世界地图，撕成碎片，丢在地上，说道："约翰，如果你能拼好这张地图，我就给你 2 角 5 分钱。"

牧师以为这样会使约翰花费整整一个上午的时间，这样自己就可以静下心来思考问题了。

但是，没过 10 分钟，儿子就敲开了他的房门，手中拿着那份拼得完完整整的地图。牧师对约翰如此之快地拼好了一幅世界地图感到十分惊奇，他问道："孩子，你怎么这样快就拼好了地图？"

"啊，"小约翰说，"这很容易。在另一面有一个人的照片，我就把这个人的照片拼到一起，然后把它翻过来。我想如果这个人是正确的，那么，这个世界地图也就是正确的。"

牧师给了儿子 2 角 5 分钱，笑着对他说："谢谢你！你替我准备了明天讲道的题目——如果一个人是正确的，他的世界就会是正确的。"

如果要改变你的世界，改变你的生活，首先就应改变你自己。一个人是正确的，他的世界就会是正确的。

在追求成功的过程当中，我们十有八九不会一帆风顺，一定会有面临危机的时候。这个时候，如果不能改变危机产生的环境，不妨先改变自己。

一般人到了一个恶劣的环境中，大都首先会想着如何逃避，紧接着就是一有机会就唉声叹气地抱怨。

一辆公车在停靠站点时，很多乘客上了车。一对上班族男女挤在一起，可能因为人多，男友不时地将手臂围住女友，并轻声问她："累不累？待会儿想吃什么？"

女友不耐烦地回答："我已经够烦了，吃什么都还不先决定，每次都要问我。"

男友一脸无辜地低下头，随后说了句话："让你决定是因为希望能够陪你吃你喜欢的东西，然后看到你满足的笑容，把今天工作的不愉快暂时忘掉。我的能力不足，你工作上所受的委屈我无法帮你，我所能做的也只有这样。"

女友听了后，满怀愧疚地说声"对不起"。男友很大度地说："没关系，只要你开心就好。"尔后亲吻了女友的头发。

公车到站，男友依旧保护着心爱的人下车。

这样的情景让人觉得，你自己一旦有了改变自己的力量，就会把这种力量传递给他人。所以在面对任何困难时，我们应该首先告诉自己：我会努力做好的，我也相信别人懂得我努力的价值和意义。

每个人都希望在这个世界上生活得更快乐、更如意，聪明的做法是改变自己，而非改变外界。你是正确的，你的世界就是正确的。

向对手学习

　　一位动物学家对生活在非洲大草原奥兰治河两岸的羚羊群进行了一番研究。他发现东岸羚羊群的繁殖能力比西岸的强，两者的奔跑速度也不一样，东岸羚羊每分钟要比西岸羚羊快 13 米。

　　对这些差别，这位动物学家曾百思不得其解，因为这些羚羊的生存环境和属类都是相同的，食物来源也一样，都以一种叫莺萝的牧草为主。

　　有一年，他在东西两岸各捉了 10 只羚羊，把它们送往对岸。结果，运到东岸的 10 只一年后繁殖到 14 只，运到西岸的 10 只剩下 3 只，那 7 只全被狼吃了。

　　这位动物学家终于明白了，东岸的羚羊之所以强健，是因为在它们附近生活着一个狼群；西岸的羚羊之所以弱小，正是因为缺少这么一群天敌。

　　大自然中的许多动物互为天敌，正因为如此，才保持了大自然的生态平衡。动物之间互为天敌，却又彼此依存。人类又何尝不是如此？

对手的存在，能搅动我们平静的生活，甚至还常给我们的人生道路带来危机。但是，对手的存在，也能使我们变得更坚强、更聪明、更强大。孟子说："出则无敌国外患者，国恒亡。"就是这个道理。

大多数人总是用敌意的目光来对待对手，在碰到对手的时候，首先是不屑（觉得对手的东西不怎么样），接着是愤怒（发现这个家伙竟然威胁到自己甚至超越自己），最后则是不能在他面前提到对手的只言片语。

其实，越是敌人和对手，可学的才越多。对方要消灭你，一定是竭尽全力，并且有专门针对你的方法。在他们使出浑身解数的时候，也就是传授你最多招数的时候。

所以，如果你有个对手，很强大的对手，你应该打心底高兴。就像每天要照照镜子，你要每天都仔细盯紧这个对手，好好欣赏他，好好跟他学习。而最好的学习，永远来自于你和他交手时被他击中的那一刻。

不要逃避对手，也不要埋怨对手，敞开你宽广的襟怀，友好地说一声"感谢"。如果你逃避对手，同时也就失去了一次尝试的机会。不敢承担尝试的风险，永远都不会有壮丽的人生；如果你埋怨对手，你的心胸会变得狭窄，以致不能容下任何事物，久而久之，生命就会慢慢枯萎。只有用微笑面对生命中的一切对手，生命才会越来越有意义。

人生箴言

　　对手是促使一切生物生存下来的最好的原动力。善待你的对手并向你的对手学习吧。

善用合作的力量

四肢看到胃成天不干活儿，心里很不平衡，它们决定像胃那样，过一种不劳而获的绅士日子。

"没有我们四肢，"四肢说，"胃只能靠西北风活着。我们流汗流血，我们受苦，我们做牛做马地干活儿，都是为了谁？还不是为了胃！我们什么好处也没有得到，我们全在忙碌，为它操心一日三餐。我们现在马上停工不干了，只有这样，才会让它明白，一直是我们在养着它。"

四肢这样说了，果真也这么做了。于是，双手停止了拿东西，手臂不再活动，而腿也歇下了。它们都对胃说已经伺候够了它，让胃自己劳动，自己去找吃的。

没过多久，饥饿的人就直挺挺地倒下了。因为心脏再也供不上新鲜的血液，四肢也因此遭了殃，没有了力气，软绵绵地耷拉在身体上。

这下，不想干活儿的四肢才发现，在全身的共同利益上，被它们认为是"懒惰"和"不劳而获"的胃，要比它们四肢的作用大得多。

人与人之间也是这样，既是一个独立的个体，又是一个密不可分的群体。一个人如果完全脱离社会，那他根本就不可能生存下去。我们要懂得他人的重要性，危机来临时，更要善于与他人合作，才能更快地摆脱危机。

从前，有两个饥饿的人得到了一位长者的恩赐：一根鱼竿和一篓鲜活、硕大的鱼。其中一个人要了那篓鱼，另一个人要了那根鱼竿，于是他们分道扬镳了。得到鱼的人原地就用干柴搭起篝火煮起了鱼，他狼吞虎咽，还没有品出鲜鱼的肉香，转瞬间，连鱼带汤就被他吃了个精光。不久，他便饿死在空空的鱼篓旁。另一个人则提着鱼竿继续忍饥挨饿，一步步艰难地向海边走去，可当他已经看到不远处那片蔚蓝色的海洋时，他浑身的最后一点力气也用完了，他也只能眼巴巴地带着无尽的遗憾撒手人寰。

又有两个饥饿的人，他们同样得到了长者恩赐的一根鱼竿和一篓鱼。只是他们并没有各奔东西，而是商定共同去找寻大海，他俩每次只煮一条鱼，他们经过遥远的跋涉，来到了海边。从此，两人开始了捕鱼为生的日子。几年后，他们盖起了房子，有了各自的家庭、子女，有了自己建造的渔船，过上了幸福安康的生活。

合作与不合作，带来的结果截然相反。哲学家威廉·詹姆斯曾经说过："如果你能够使别人乐意和你合作，不论做任何事情，你都可以无往而不胜。"一个人的力量毕竟是有限的，当危机来临时，合则共存，分则俱损。

人生箴言

合作是一种能力，更是一种艺术。唯有善于与人合作，才能获得更大的力量，争取更大的成功。

从容应对挑战

当"老了的"霍利菲尔德决定向风头正盛的拳王泰森挑战时，曾有数不清的人公开地或者悄悄地断言，他必将倒在泰森的重拳之下。但老霍利菲尔德并没有动摇，而是从从容容地准备着，从从容容地走上了拳台。结果，经过一番惊心动魄的搏击之后，泰森倒了下来。拳台上，从从容容地站着的则是霍利菲尔德。

不仅如此，此时的他还从从容容地说了一句："我知道你们都曾抛弃过我，但上帝没有。"是的，这的确是一句堪称经典的话，也完全有资格写在世界拳击史的金色扉页上。

所谓"上帝"，说穿了，说白了，不就是我们自己吗？即便这个世界上所有人都遗忘了你，但只要你不把自己遗忘在冷风里，只要你从从容容地站定了、站稳了，你就照样拥有辉煌，拥有希望。

是的，从容不是自暴自弃，而是一种自信；从容不是自轻自贱，而是一种豪迈；从容不是瞻前顾后，而是一种坚定；从容不是心慌气短，而是一种沉稳。

有了从容，就没有什么应付不了的危机。

一天，绑匪绑架了一个小女孩儿，恶声恶语地打来电话向孩子的妈妈勒索巨款。怎么办？孩子的妈妈十分冷静，因为她知道孩子的眼睛格外明亮，女儿的眼睛完全可以映出绑匪的影子，于是在通知警方后立刻回电话给绑匪："我不会轻易给钱，除非我看到了被绑架的孩子的照片！"绑匪听了，果然给孩子拍照并寄来了照片，严阵以待的警方立刻对照片做了技术分析，迅速认出了孩子眼睛中的绑匪，然后迅速出击活捉了绑匪。

这位年轻的妈妈冷静、沉着、从容地面对突然出现的险情，巧妙地与绑匪周旋，这才在与强盗的生死较量中把握了主动，成功地将事情化险为夷、转危为安。

 人生箴言

从容是一种气魄，一种勇气；从容是一种选择，是无私无畏、勇于开拓、不屈不挠、百折不回的坚强决心。

要随缘而不要强求

三伏天，禅院的草地枯黄了一大片。

"快撒点草籽吧！好难看呀！"小和尚说。

"等天凉了。"师父挥挥手，"随时！"

仲秋，师父买了一包草籽，叫小和尚去播种。秋风起，草籽边撒边飘。"不好了！好多种子都被吹走了。"小和尚喊。

"没关系，吹走的多半是空的，撒下去也发不了芽。"师父说，"随性！"

撒完种子，跟着就飞来几只小鸟啄食。"要命！种子都被鸟吃了！"小和尚急得跺脚。

"没关系！种子多，吃不完！"师父说，"随遇！"

半夜一阵骤雨，小和尚早晨冲进禅房嚷嚷道："师父！这下真完了！好多草籽被雨冲走了！"

"冲到哪儿，就在哪儿发！"师父说，"随缘！"

一个星期过去，原本光秃的地面，居然长出许多青翠的草苗，一些原来没播种的角落，也泛出了绿意。

小和尚高兴得直拍手。师父点头道："随喜！"

随不是跟随，是顺其自然，不怨尤、不躁进、不强求；随不是随便，是把握机缘，不悲观、不刻板、不慌乱。这正是面临危机时最好的心态。这种心态能帮助我们冷静地采取对策，顺利度过危机。

一个人在森林中漫游时，突然遇见了一只饥饿的老虎，老虎大吼一声就扑了上来。他立刻用最快的速度逃开，但是老虎紧追不舍，他一直跑一直跑，最后被老虎逼到了断崖边。

站在悬崖边上，他想："与其被老虎捉到，活活被咬死，还不如跳入悬崖，说不定还有一线生机。"

他纵身跳入悬崖，非常幸运地卡在一棵树上。那是长在断崖边的梅树，树上结满了梅子。

正在庆幸之时，他听到断崖深处传来巨大的吼声，往崖底望去，原来有一只凶猛的狮子正抬头看着他，狮子的声音使他心颤，但转念一想："狮子与老虎是相同的猛兽，被什么吃掉，都是一样的。"

刚一放下心，又听见了一阵声音，仔细一看，两只老鼠正用力地咬着梅树的树干。他先是一阵惊慌，立刻又放心了，他想："被老鼠咬断树干跌死，总比被狮子咬死好。"

情绪平复下来后，他看到梅子长得正好，就采了一些吃起来。他觉得一辈子没吃过那么好吃的梅子，他找到一个三角形的枝丫休息，心想："既然迟早都要死，不如在死前好好睡上一觉吧！"于是靠在树上沉沉地睡去了。

睡醒之后，他发现老鼠不见了，老虎和狮子也不见了。他顺着树枝，小心翼翼地攀上悬崖，终于脱离了险境。原来就在他睡着的

遇见勇敢超越的自己

时候，饥饿的老虎按捺不住，终于大吼一声，跳下了悬崖。

两只老鼠听到老虎的吼声，惊慌地逃走了。跳下悬崖的老虎与崖下的狮子展开激烈的搏斗，双双负伤逃走了。

这个人面对死亡的危机，能够抱着随缘的心态不惊慌、不强求，最后安然避免死亡。

 人生箴言

生命中会有许多险象丛生的时候，困难、危险像死亡一样无法避免。既然无法避免，不如放下心来安享现在拥有的一切，无意中就会享受到生命的甜果。

从损失中看到价值

有一位住在深山中的农民，时常感到山里环境艰险，难以生活，于是他四处寻找致富的好方法。一天，有个从外地来的商贩给他带来了一种叫做苹果的种子，只要种在土壤里，两年后便能长成一棵棵苹果树，结出好多的果实，拿到市集中，可以卖许多钱。

由于担心被别人偷，农民特意选择了一处荒僻的山野，来种植这种颇为珍贵的苹果。

经过两年时间的辛苦耕作、浇水施肥，小小的种子终于长成一棵棵苗壮的苹果树，并且结出累累的硕果。因为缺少种子的缘故，果树数量还比较少。但结出的果实已经足以让农民过上好一点的生活。

于是农民特意挑了一个好日子，准备在这一天摘下成熟的苹果，然后挑到集市上卖个好价钱。当他爬到山顶时大吃一惊，只见苹果树结出的红灿灿的果实竟然被外来的飞鸟和野兽吃了个精光，只剩下满地的果核。

想到自己的辛苦劳作和热切盼望，农民不禁悲从心起，放声大哭起来，他的致富梦也就这样破灭了。在随后的岁月里，生活仍然艰苦，他只能苦苦支撑下去，度过了一天又一天。

不知不觉之间，几年的光阴如流水般逝去。

有一天，他偶尔又来到了这片山野。当他走上山顶时，突然愣住了，因为在他面前出现了一片茂盛的苹果树，上面结满了累累的果实。

这会是谁种的呢？在疑惑不解中，他思索了好一会儿，才发现了这个令人惊喜的答案：原来这一大片苹果林，都是他自己所种的。

几年前，当那些飞鸟与野兽吃完苹果后，将果核吐在地上，这些果核里的种子竟然发芽生长，终于长成了一片更加广阔的苹果树林。

现在，这位老农民再也不用为生活发愁了，这一大片林子中的苹果，足可以让他过上快乐的生活。如果当年那些飞鸟与野兽没有来吃这些苹果，现在就肯定无法形成这么一大片果林了。

损失或放弃，在许多情况下，并不是单纯错误的决定，最终还是会让自己获得更多。这不仅是一个老农的领悟，更是生活的哲理。

现实生活中，许多人不懂得放弃，正如弗洛伊德所说：潜意识的我，总是与现实的我在斗争着。欲望总跟理智较量，而欲望往往又战胜理智。学会放弃，就是要从放弃中看到价值。

一个老人在高速行驶的火车上，不小心把刚买的新鞋从窗口弄掉了一只，周围的人倍感惋惜，不料老人立即把第二只鞋也从窗口扔了下去。这举动更让人大吃一惊。老人解释说："这一只鞋无论多么昂贵，对我而言已经没有用了，如果有谁能捡到一双鞋子，说不定他还能穿呢！"

　　生活的艺术就是平衡得与失，要装进一杯清泉，你就必须倒掉已有的陈水；要获得一枝玫瑰，就必须放弃手中的蔷薇；要多一次体验，就必须多一点心灵的创伤。换一个角度说，虽然你倒掉了一杯陈水，但你拥有了一杯清泉；虽然你失去了蔷薇，但你采得了玫瑰；虽然遭受心灵的创伤，但你多了一次独特的体验。

 人生箴言

　　成功者善于放弃，善于从损失中看到价值。

优势与劣势可以互相转化

有一处地势险恶的峡谷，涧底奔腾着湍急的水流，而所谓的桥则是几根横亘在悬崖峭壁间的光溜溜的铁索。

一行四人来到桥头，一个盲人、一个聋子，以及两个耳聪目明的正常人。四个人一个接一个抓住铁索，凌空行进。

结果呢？盲人、聋子过了桥，一个耳聪目明的人也过了桥，另一个则跌下深渊丧了命。

难道耳聪目明的人还不如盲人、聋人吗？是的！他耳聪目明的优势此时恰恰成了他的劣势。

盲人说："我眼睛看不见，不知山高桥险，心平气和地前进。"

聋人说："我耳朵听不见，不闻脚下咆哮怒吼，恐惧相对减少很多。"

那个过了桥的耳聪目明的人则说："我过我的桥，险峰与我何干？激流与我何干？只管注意落脚稳固就够了。"

优势是相对的，如果利用不好，优势会转化成劣势。利用得好，劣势则也会转化成优势。

在日本本土有一种蜜蜂，个头小，它的天敌是身体强壮的大黄蜂。大黄蜂对蜜蜂发动袭击时，先派一个侦察蜂侦察蜜蜂的蜂巢，打探好虚实后再集体出动。当大黄蜂的侦察蜂飞到蜜蜂的蜂巢附近确定方位、标出记号时，蜂巢内数万只蜜蜂发现了这个不速之客。它们倾巢而出，飞到大黄蜂身上，眨眼间就里三层外三层裹紧了大黄蜂。蜜蜂们不断地同时扇动着翅膀，形成了巨大的"嗡嗡"声。过了十几分钟，奇迹发生了：大黄蜂在群蜂的包裹下渐渐地失去了活力，不再挣扎，最终死亡。

原来，蜜蜂们虽然弱小，它们的生命极限温度却比大黄蜂高3摄氏度，即49摄氏度，而大黄蜂则为46摄氏度。当大黄蜂来侦察时，蜜蜂们知道只有把它杀死才能避免灭顶之灾，而又不能与强大的对手硬拼，于是它们才采取了这智慧的一招：集体合围大黄蜂。利用扇动翅膀产生的热量使大黄蜂的体温上升，达到46摄氏度以上，使大黄蜂体液沸腾而被热死，又使自己的体温始终保持在49摄氏度以下，从而成功地完成了自救。

弱小的蜜蜂之所以能战胜强大的黄蜂，就是因为弱小的它们充分发挥了自己的优势。用自己的优势去进攻对手的劣势，自然旗开得胜。

 人生箴言

强弱只是相对的，关键是找出自身独特的优势，并充分利用好优势、发挥好优势，从而战胜任何危机。

让你拥有的更加美好

一位穷途末路的贫民去请教先师。

"伟大的先师啊！"他哭喊着，"我的环境糟透了，而且一直无法改善。我们的日子好穷苦啊！我与妻子和 6 个孩子必须挤在一间小小的茅舍里。我们彼此没有自己的空间，日常生活常常互相阻碍，而且精神紧绷，我们常为很多困扰的事感到烦心，且为此争执不休。相信我——我的家真像个地狱，我宁愿早点死，也不要再这样生活下去！"

先师慎重思考了一会儿之后，说："我的门徒！照我的话去做，你的情形将会改善。"

"先师，我一定照您的话做。"陷入痛苦中的弟子满口答应着。

"告诉我你养了什么动物？"

那可怜的人回答："我养了鸡、山羊和牛。"

"很好，现在你回去把那些动物牵到家中，和你一起居住。"

这可怜的人满头雾水，但是既然答应先师了，就回去照着他的话做。

第二天，这位可怜人又来到先师的面前哭喊着："先师啊，您为我带来了新的灾难，我照你的话做了，但事情变得更糟。我的生活简直像在地狱——整间房子像谷仓一样，我该怎么办才好啊？"

"门徒啊，将那些鸡赶离你的屋子，愿老天保佑你。"先师回答。

可怜人回到家里，把鸡赶离屋子。但是，过不多久后他又回去求助于先师，他向先师抱怨山羊快把他的屋顶掀了，先师要他把山羊带离屋子，他照先师的话做了。

但没多久他又来找先师，怨恨得大声嚷嚷："牛让我的房子像牛棚一样，你怎么能叫人和动物住在一起？"

"你说得 100% 正确。"先师同意，"那么，把你的牛也牵出去吧！"

这位不幸的可怜人连忙赶回家，将牛也牵到屋外。

不到一天的时间，他又来找先师，这次是满脸灿烂笑容地说："您又让我回到以前那么美好的生活了。没有了那些动物，整间房子变得安静、宽敞、干净，多么美好的家啊！"

有些事情，本来并不那么糟糕，但因为自己一味忧虑，反而使自己陷入更糟的境地。所以，当面临危机时，我们要做的不是抱怨、生气，而是让危机不向更坏的方向发展。

 人生箴言

珍惜你拥有的东西，并努力使它们更加美好。

学会低调做人

　　杨修是曹操门下掌库的主簿。此人生得单眉细眼，貌俊神清，博学能言，智识过人。但他恃才傲物，最终招来杀身之祸。

　　一次，曹操令人建一座花园。快竣工了，监造花园的官员请曹操来验收察看。曹操参观花园之后，是好是坏、是褒是贬，一句话也没有说，只是拿起笔来，在花园大门上写了一个"活"字，便扬长而去。这情形，使大家犹如丈二和尚——摸不着头脑，怎么也猜不透曹操的意思。杨修却笑着说道："门内添'活'字，是个'阔'字，丞相是嫌园门太阔了。"官员见杨修说得有道理，立即返工重建园门，改造停当后，又请曹操来观看。曹操一见重建后的园门，不禁大喜，问道："谁知道了我的意思？"左右答道："是杨修主簿。"曹操表面上称赞杨修的聪明，其实内心已开始忌惮杨修了。可杨修还以为曹操真的欣赏他，不但没有丝毫收敛，反而把心智用在琢磨曹操的言行上，并不分场合地卖弄自己的小聪明，从而也不断地给自己埋下祸根。

　　杨修最后一次聪明的表露是在曹操自封为魏王之后。曹操亲自引兵与蜀军作战，战事失利；长期拖下去，不仅耗费钱粮且会挫伤士气，如果撤兵无功而归，又会遭人笑话。是进是退，曹操心中犹豫不决。此时厨子呈进鸡汤，曹操看见碗中有鸡肋，因而有感于怀，觉得眼下的战事，犹如碗中之鸡肋："食之无肉，弃之可惜。"他正沉吟间，夏侯惇入帐禀请夜间号令。曹操随口说："鸡肋！鸡肋！"夏侯惇传令众官，都称"鸡肋"。杨修见传"鸡肋"二字便通知随行军士：各自收拾行装，准备归程。有人报知夏侯惇。夏侯惇大惊失色，立即请杨修到帐中问他："为什么叫人收拾行装？"杨修说："从今夜的号令，便知道魏王很快就要退兵回去了。""你怎么知道？"夏侯惇又问。杨修笑道："鸡肋者，吃着没有肉，丢了又觉得它味道不错。魏王的意思是现在进不能胜，退又害怕人笑话，在此没有好处，不如早归，明天魏王一定会下令班师回转的。所以先收拾行装，免得临行慌乱。"夏侯惇说："您可算是魏王肚里的蛔虫，知道魏王的心思啊！"于是寨中各位将领，皆作班师回转的准备。

　　当夜曹操心乱，不能入睡，就手按宝剑，绕着军寨独自行走。只见寨内军士各自准备行装。曹操大惊："我没有下达撤军命令，谁竟敢如此大胆，作撤军的准备？"他急忙回帐召夏侯惇入帐，夏侯惇说："主簿杨修已经知道大王想退兵的意思。"曹操叫来杨修问他怎么知道，杨修就以鸡肋的含义对答。曹操一听大怒，说："你怎敢造谣乱我军心！"不由分说，叫来刀斧手将杨修推出去斩了，把首级悬在辕门外。曹操终于寻得机会，除掉了杨修，杨修也终于结束了他聪明的一生。

　　杨修确实够聪明，聪明得能看透别人看不到的很多东西，能猜

遇见勇敢超越的自己

透别人猜不透的许多事情。然而，他又太愚蠢了，愚蠢得不知如何保护自己。最终，他表面的聪明使他不可避免地走上了绝路。他到死都不会明白，正是他的过分外露的聪明使他成了刀下鬼。他的聪明使他招人喜欢、招人赞赏，但他又自恃聪明，动不动就表现出来，终究被人嫉妒。在明争暗斗的官场，他注定成不了大气候，注定被人扔弃在权力的道路上而成为荒野孤魂。

其实，有些危机正是因为不会低调做人而引发的。恃才傲物，不分场合时机炫耀自己，必然会招来嫉恨。俗话说："是金子总会发光的。"如果你是真正的聪明者，就不要总是在别人面前随便卖弄。那样，不但使你的聪明变得廉价，有时还会给你惹来不必要的麻烦。

 人生箴言

聪明是一把双刃剑，利用得不当，便会落到自己的头上。要避免此类危机，就要学会低调做人、谨慎做事。

尊重他人的兴趣

海底里有一个瓶子，瓶子里困着一个巨魔。那是 500 年前一个神仙把巨魔收进瓶里的。巨魔曾经许过一个愿，谁能把这个瓶子捞起来，把瓶塞打开，把他救出来，他就赠给这个人一座金山。可是，500 年过去了，还没有人把这瓶子捞起来。巨魔十分气恼。他诅咒说："以后，如果谁把我救出来，我就一口把这个人吞掉。"

有一个年轻的渔夫撒网捕鱼，当他收网的时候，发现网里有一个古旧瓶子。他把瓶塞打开，啊！一阵浓烈的烟雾喷出来，徐徐变成一个比山还大的巨魔。

"哈哈哈哈！"巨魔的笑声震得海涛汹涌起来。他说："年轻人，你把我救出来，我本应谢谢你，可是，你做得太迟了，倘若你早几年把我救起，你就可以得到一座金山啦！唉，我等了 500 年，我太不耐烦了，我已经许了恶愿，要把救我出来的人一口吃掉！"

年轻人吃了一惊，但立即镇定地说："哟，这么小的瓶子，怎能把你盛下呀，你一定在说谎，你再回到瓶子给我看看吧！"

"哈哈哈哈，我不会上当的！《天方夜谭》早把这个古老的故事说过了，我如果再钻入瓶子里，你把塞子再塞上，故事不就说完了吗？"

"什么？你还看过《天方夜谭》吗？你真是一个博学多才之士呀！你看过苏格拉底的哲学著作吗？"

"哈哈！这 500 年我躲进瓶子里，穷读天下的经典著作，苦苦修行，莫说是西方的巨著，东方的《大学》《中庸》《论语》《孟子》我都念得熟透了。"

"啊，中国太史公的《史记》你也颇有研究吧？墨子的著作有涉猎吗？"

"别说了，经史子集无一不通！"

"不过，我想你一定没有见过《红楼梦》的手抄本，这是一部难得一见的版本呢！"

"哈哈哈，你这个小子太小瞧我了，这本书的收藏者正是我呀！让我拿出来给你开开眼界吧！"巨魔立即又化作一阵浓烟，徐徐进入瓶子里。这时候，渔夫不再迟疑，连忙用瓶塞堵住了瓶子……

每个人都是他兴趣所在的领域的专家，善于站在他人的角度谈论他感兴趣的事，你不仅会获得新知，有时加以利用，还能够化解危机。渔夫就是利用这一点降伏了巨魔。

在生活中，采取不同的策略、实施互异的技法，不但会很顺利地处理好某事，其中还有一种妙不可言的感觉。

每一个拜访过西奥多·罗斯福的人，都对他的知识渊博感到惊讶。哥马利尔·布雷弗写道："无论是一名牛仔或骑兵，纽约政客或外交官，罗斯福都知道该对他说什么话。"他是怎么办到的呢？很简单。每当要有人来访的前一天晚上，罗斯福就开夜车，翻读这位客人特别感兴趣的内容。因为罗斯福知道，打动人心的最佳方式就是跟他谈论他最感兴趣的事物。

杜维诺父子公司是纽约一家最高级的面包公司，杜维诺先生一直试着要把面包卖给纽约的某家饭店。一连4年来，他每天都要打电话给该饭店的经理。他也去参加该经理的社交聚会。他甚至还在该饭店订了个房间住在那儿，以便促成这笔生意。但是他都失败了。

杜维诺先生决心改变策略。他开始了解经理最感兴趣的事情，发现经理是"美国旅馆招待者"组织的主席。不论这个组织在什么地方举行会议，他一定都会出席，即使跋涉千山万水也乐此不疲。

再次见到经理的时候，杜维诺先生开始谈论经理所在的那个组织。他们谈了半个小时，都是有关他的组织的，经理的语调充满热忱。在杜维诺先生离开经理的办公室之前，经理送给他一张会员证。

虽然杜维诺先生一点也没提到面包的事，但是几天之后，饭店的大厨师打电话给他，要他把面包样品和价目表送过去。

"想想看吧！我缠了那个人4年，一心想得到他的生意——如果我不是最后用心去找出他的兴趣所在，那我至今仍然只能缠着他。"杜维诺先生感慨地说。

 人生箴言

谈论别人感兴趣的事物，会使人感觉受到尊重，也是一种深刻地了解人并与之愉快相处的方式。

多一分自信力

有许多时候，由于我们缺乏自信，不敢对一件事情下结论，结果绕了很大一个圈子，还是回到了原地。如果我们坚持一下，就会明白我们本来是对的。

帕帕·敦特一向非常喜欢玩具，他经营玩具店已经很多年了。玩具店坐落在一个十字路口旁。他工作非常勤奋，并且生活得也很美满，他甚至有足够的钱供他的儿子约翰上大学。

约翰也像他父亲一样喜欢玩具。虽然他想上大学，但他的理想是毕业后帮助父亲经营这个玩具店。

尽管玩具店没有挂招牌，但由于帕帕·敦特多年的苦心经营，城里的人们谁都知道这儿出售的玩具是全城最新的。

玩具店第一次开业时，挂着一块很大的招牌，上面写着：本店出售最新玩具。

第一个来到玩具店的顾客对帕帕·敦特说："我很喜欢你的玩具

店，可不喜欢你的招牌。最新玩具，难道你就不可以卖别的种类的玩具吗？你为什么不把'最新'删掉呢？"

帕帕·敦特欣然同意，认为这样很好，于是把招牌改为：本店出售玩具。

第二天，又有一个顾客来到玩具店，他认为这个新开业的玩具店很使他称心如意，但他也不喜欢玩具店的招牌。他说："假如你不在这儿卖玩具，又在哪里卖呢？帕帕·敦特，你应该把招牌上的'本店'两字去掉，这样多简单明了。"

于是，帕帕·敦特又把招牌改为：卖玩具。

第三天，帕帕·敦特的叔叔来到玩具店。

"你这个玩具店很漂亮。"他说，"可是招牌太啰唆了。'卖玩具'，玩具当然是卖的，但是这样写，给人一种不愉快的感觉，你为什么不把'卖'字去掉呢？"

这样，玩具店的招牌上只剩下两个字：玩具。

又过了一天，本城的一个官员也来光临帕帕·敦特的玩具店。

"我们来到这儿，感到很荣幸。"官员说，"你的玩具店看起来很整洁，宽敞明亮。你是一个很善于经营玩具店的人，你的玩具店位置适中，橱窗布置得幽雅大方；不过，我对你的招牌有些想法。'玩具'，你的橱窗里摆满了美丽的玩具，那么你的招牌就是摆设了。人们看见这玩具，就会知道你出售玩具。所以最好是让你的玩具自己去说明吧。"

帕帕·敦特听从了官员的忠告，索性摘去了招牌。

路过玩具店的人们一看到橱窗里摆放着的新鲜玩具，总是不由自主地停下来。最后，帕帕·敦特的新鲜玩具远近闻名，盛誉不衰，没有人再去别的地方买玩具了。

就这样，许多年过去了。

现在，帕帕·敦特要和儿子一起经营玩具店，他高兴极了。随着岁月的流逝，他渐渐变得苍老，对经营玩具店已经有些力不从心了。

送走了那些看望约翰的人们，帕帕·敦特问儿子："约翰，现在，你要为玩具店做的第一件事是什么？"

"哦，爸爸，我们首先要挂个招牌。在商业化的今天，它尤其是必不可少的。"儿子回答。

"挂个招牌，孩子？"

"对。"

"那么，招牌上写什么呢？"

"嗯，让我想想……就写'本店出售最新玩具'吧……"

 人生箴言

确定了一个方向，就要有勇气走下去；不断地改变方向，将使我们偏离初衷。

现实是最美好的

很多人有这样的习惯，他们总以为现实对自己不公平，别人的生活比自己过得好。因此他们就用各种办法逃离现实，沉溺于梦幻之中，结果荒废了生命中最美好的时光，让一切白白流逝。

有一个叫卡狄施的富人，他有一独子名叫阿特塞。卡狄施家中有一位远亲孤女，名阿克萨。小时候，他们一起吃饭，一起读书，一起玩儿。

但是等到他们长大，阿特塞忽然病了。那是没人听说过的病：阿特塞自以为自己已经死了。

他何以有此想法？因为他曾有一个老保姆，常讲一些有关天堂的故事。她曾告诉他，在天堂里既不需要工作，也不需要读书。在天堂，吃的是野牛肉和鲸鱼肉，喝的是上帝为好人所备下的酒，可以睡到很晚再起来，因为没有任何职守。

阿特塞天生懒惰。他怕早起，怕读书。他知道有一天他必须接办他父亲的业务，而他却不愿意。

既然死是唯一进天堂的路，他决心越早死越好。他一直在想，不久他以为自己真的死了。

他的父母当然非常担忧。阿克萨暗中哭泣。一家人竭力说服阿特塞他还活着，但是他不相信。他说："你们为什么不埋葬我？你们知道我死了。因为你们，我不能到天堂。"

阿特塞的家人请了许多医生治疗阿特塞，他们都试图说服这孩子他是活着的。他们指出，他在说话，在吃东西。可是不久之后，他少吃东西，也很少讲话了。家人担心他会死掉。

于绝望中，卡狄施去访问一位伟大的专家，他是以博学多智而著名的，他名叫优兹。听了阿特塞的病情之后，他对卡狄施说："我答应在8天之内治好你儿子的病，但有一个条件。你必须做我所吩咐的事，无论如何奇怪。"

卡狄施同意了，优兹说他当天就去看阿特塞。卡狄施回家去告诉他的妻子、阿克萨和仆人们，都要按照医生的吩咐行事，不得起疑。

优兹医生到了，他被领进阿特塞的屋内。这孩子睡在床上，因绝食而瘦削苍白。

医生一看阿特塞便大叫："你们为什么把死人停在屋里？为什么不出殡？"

听了这些话，父母吓得要命。但是阿特塞的脸上绽出了微笑，他说："你们看，我是对的。"

卡狄施夫妇听了医生的话虽然惶惑，可是他们记得优兹医生的要求，于是立即筹备丧葬事宜。

医生要求将一个房间准备得像天堂的样子：墙壁挂上白缎，百叶窗关上，窗帘拉严实，蜡烛日夜点燃。仆人穿白袍，背上插翅，扮成天使状。

阿特塞被放进一具开着的棺材，于是举行殡仪。阿特塞快乐得
筋疲力尽，睡着了。醒来时，他发现自己在一间不认识的屋子里。
"我在哪里？"他问。

"在天堂里，大人。"一个带翅膀的仆人回答。

"我饿得要命，"阿特塞说道，"我想吃些鲸鱼肉，喝些圣酒。"

领班的仆人一拍手，一群男女仆人进了来，背上都有翅膀，手
捧金盘，上面有鱼有肉，有石榴和柿子、凤梨和桃子。一个白胡须、
高个子的仆人捧着斟满酒的金杯。

阿特塞狂吃了一顿。吃完了，他说要休息。两个天使给他脱衣，
给他洗澡，抱他上床，床上有丝绸的被单和紫绒做的帐盖。阿特塞
立刻怡然熟睡。

他醒来时，已是早晨，可是和夜里却没有分别。百叶窗是关着
的，蜡烛在燃烧着。仆人们一看见他醒了，送来和昨天完全一样的
饮食。

阿特塞发问：“你们没有牛奶、咖啡、新鲜面包和牛油吗？”

"没有，大人。在天堂总是吃同样的食物。"仆人回答。

"这是白昼，还是夜晚？"阿特塞问。

"在天堂里无所谓昼和夜。"

阿特塞吃了鱼、肉、水果，又喝了酒，但是胃口不像上次好了。
吃完后他问："什么时候了？"

"在天堂里时间是不存在的。"仆人回答。

"我现在做什么呢？"阿特塞问。

"大人，在天堂里，不需要做任何事。"

"其他的圣徒们在哪里？"阿特塞问。

"在天堂里每一家有其自己居住的地方。"

"可以去拜访吗？"

"在天堂里彼此居处距离很远，无从拜访。从一处到另一处要走好几千年。"

"我的家人什么时候来？"阿特塞问。

"你父亲还可再活 20 年，你母亲还能再活 30 年。他们活着便不能到此地来。"

"阿克萨呢？"

"她还有 50 年好活。"

"我就要孤独这么久吗？"

"是的，大人。"

阿特塞摇头思索了一阵。随后又问："阿克萨现在做什么呢？"

"目前她正在哀悼你。不过她迟早会忘掉你，遇见另一个年轻人，结婚。活人都是这个样子。"

阿特塞站了起来开始来回踱着。这是他好久好久以来第一次想做点什么事，但是在天堂里无事可做。他怀念他父亲，思念他母亲，想念阿克萨；他想研读些什么东西；他梦想旅游，他骑他的马；他想和朋友聊天。

终于他无法掩饰他的悲哀。他对一个仆人说道："我现在明白了，活着不像我所想的那样坏。"

 人生箴言

勇敢地面对现实，站起来就看得高，走出去就看得远。人生莫不如此。

因势利导的智慧

小公主雷娜生病了，御医们束手无策。国王问女儿想要什么，雷娜说她想要天上的月亮。国王立刻召见他的首席大臣张伯伦，要他设法把月亮从天上摘下来。

首席大臣从口袋里掏出一张纸条，看了看，说："我可以弄到象牙、蓝色的小狗、金子做成的昆虫，还能找到巨人和侏儒……"

国王很不耐烦，一挥手，说："我不要什么蓝色的小狗。你马上给我把月亮弄来。"

首席大臣面露难色，一摊手，说："月亮是热铜做的，离地6000公里，体积比公主的房间还大。微臣实在无能为力。"

国王大怒，让张伯伦滚出去。尔后，他又召见了宫中的数学家。这位数学大师头顶已秃，耳朵后面总是夹着一支铅笔，他已经为国王服务了40年，不少难题一到他手中便迎刃而解。可这回他一听国王的要求便连声推托，说："月亮和整个国家一样大，是用巨钉钉在天上的。我实在没办法把它取下来。"国王听后很失望，挥手让数学大师退下。

接下来被请去的是宫中的小丑。他穿戴滑稽，全身上下还挂着一串串铃铛。他连蹦带跳，叮叮当当地跑到国王面前，问："请问陛下，有何吩咐？"国王又将事情的原委说了一遍。小丑听后沉吟良久，方才慢慢地说："陛下，您的大臣们都是具有远见卓识的智者，但月亮究竟是何物，你们的说法不一。不妨问问雷娜公主，她以为月亮是何物。"国王表示同意。

小丑连忙去问雷娜公主。小公主躺在床上，有气无力地说："月亮比我手指甲小一点，因为我伸出手指放在眼睛前便挡住了月亮。月亮和树差不多高，因为我常见到月亮停在窗外的树梢上。"

小丑又问月亮是用什么做成的。公主说："我想大概是金子吧。"

小丑连忙让工匠用金子打造了一个小月亮，送给公主。小公主欢天喜地，病也好了，第二天便下床在院子里玩耍。

可天近黄昏时国王又开始发愁了，心想："女儿见到天上又升起个月亮岂不又要闹腾？"他连忙又将首席大臣和数学大师请来商议对策。

首席大臣说："给公主戴副墨镜如何？戴上墨镜公主就看不见月亮了。"

国王不同意，说："公主戴上墨镜，走路会摔倒的。"

数学大师在房间里来回走着，低头沉思，忽然他止住脚步，说："有办法了陛下。放鞭炮！放鞭炮和火花，把黑夜照得如同白昼一样，月亮不就看不见了吗？"这时，月亮已经升上树梢。国王只好再去请教小丑。

小丑这回也没细想，胸有成竹地说："陛下，我们还是问问雷娜公主吧。"

小丑走进小公主卧室内时，她已经静静地躺在床上了，但还没睡着。

小丑问公主："月亮怎么能够同时挂在天空和你脖子上呢？"雷娜公主笑了，说："你真傻，这有什么奇怪。我掉了一颗牙齿之后便又长出来一颗新牙齿。采掉一枝花朵后又会长出新的一朵花。白天过后是黑夜，黑夜过后又是白天。月亮也是这样，什么事都是这样。"小公主的声音越来越低，她慢慢地合上了眼睛，脸上露出了甜甜的微笑。

小丑给公主盖好毯子，轻手轻脚地离开了房间。

 人生箴言

每个人都有自己的观察点，每个人都有自己的立场，要别人相信你的观点，先站到他的位置上看一看。

阳光就在你的心里

当他还是个孩子的时候，就曾梦想住在一所有门廊和花园的大房子里，在房子的前面有两尊圣·伯纳的雕像；娶一位身材修长、美丽善良的姑娘，她有乌黑的长发和碧蓝的眼睛，她弹奏吉他琴声美妙、唱歌歌声悠扬；有三个健壮的儿子，在他们长大之后，一个是杰出的科学家，一个是参议员，最小的儿子要成为橄榄球队员；而他自己要当一名探险家，登上高山、越过海洋去拯救人类；拥有一辆红色法拉利赛车，而且千万不必为衣食去奔波。

可是有一天，在玩儿橄榄球时，他的膝盖受了伤，从此他再也不能登山、不能爬树、不能到海上航行。他开始研究市场销售，并且成为一名医药推销商。

他和一位漂亮善良的姑娘结了婚。她的确有乌黑的长发，不过却身材矮小而且眼睛是棕色的；她不会弹吉他，甚至不会唱歌，却能做美味的中国菜；她画的花鸟更是栩栩如生。

为了经商，他住进了城中的一座高层建筑。在此，他可以俯瞰蔚蓝的大海和城市的夜景。在他的房间里，根本无法摆放两尊圣·伯纳的雕像，不过养了一只惹人喜爱的小猫。

　　他有三个非常漂亮的女儿，但最可爱的幼女只能坐在轮椅上。他的女儿们都很爱他，但不能和他一起玩儿橄榄球。他们有时去公园玩儿，可他的幼女却只能坐在树下自弹自唱——她的吉他虽然弹得不好，可歌声却是那样的婉转动听。

　　为使生活过得舒适，他挣了很多钱，却没能开上红色的法拉利赛车。

　　一天早晨，他醒来后，又回忆起往日的梦境。"我真是太不幸了。"他对他最要好的朋友说。

　　"为什么？"朋友问。

　　"因为我的妻子和梦想中的不一样。"

　　"你的妻子既漂亮又贤惠，"他的朋友说，"她创作了动人的绘画并能做美味的菜肴。"

　　但他对此却不以为然。

　　"我真是太伤心了。"有一天他对妻子说。

　　"为什么？"妻子问。

　　"我曾梦想住在一所有门廊和花园的大房子里，但是现在却住进了47层高的公寓。"

　　"可我们的房间很舒适嘛，而且还能看见大海，"妻子说，"我们生活在爱情与欢乐中，有画上的小鸟和可爱的小猫，更不用说我们还有三个漂亮的孩子。"但他却听不进去。

　　"我实在是太悲伤了。"他对他的医生说。

　　"为什么？"医生问。

"我曾梦想成为一名伟大的探险家，但现在却成了一名秃顶的商人，而且膝盖落下了残疾。"

"你提供的药品已经挽救了许多人的生命。"

可他对此却无动于衷。结果，医生收了他 110 美元并把他送回了家。

"我简直太不幸了。"他对他的会计说。

"怎么回事？"会计问。

"因为我曾梦见自己开着一辆红色的法拉利赛车，而且绝不会有生活负担。可是现在，我却要乘坐公共交通工具，有时仍要为挣钱而工作。"

"可你却衣着华丽，饮食精美，而且还能去欧洲旅行。"他的会计说。

但他仍旧心情沉重。他莫名其妙地给了会计 100 美元，并且依然梦想着那辆红色法拉利赛车。

"我的确是太不幸了。"他对他的牧师说。

"为什么？"牧师问。

"因为我曾梦想有三个儿子，可我却有了三个女儿，最小的那个甚至不能走路。"

"但你的女儿却聪明又漂亮。"牧师说，"她们都很爱你，而且都有很好的工作。一个是护士，一个是艺术家，你的小女儿则是一名儿童音乐教师。"

可他却同样听不进去。极度的悲伤终于使他病倒了。他躺在洁白的病床上，看着那些正在为他进行检查和治疗的仪器——而这些则是由他卖给这所医院的。

他陷入极大的悲哀中，他的家人、朋友和牧师守候在他的病床前，并且都为他深感痛苦。

一天夜里，他梦见自己对上帝说："小的时候，你曾答应满足我的所有要求。你还记得吗？"

"那是一个美好的梦。"

"可你为什么没有把那些赐予我？"

"我能够赐给你，"上帝说，"不过，我想用那些你没有梦见的东西而使你惊奇。我已经赐予你一个美丽而善良的妻子、一个体面的职业、一个好的住所及三个可爱的女儿。这些的确都是最美好的……"

"可是，"他打断了上帝的话，"你并没把我真正想要得到的赐给我。"

"但我想，你会把我所真正希望得到的给予我。"上帝说。

"你需要什么？"他从未想过上帝要得到什么。

"我要你愉快地接受我的恩赐。"

这一夜，他始终躺在黑暗中进行思考，并终于决定重新再做一个梦。他希望梦见往昔的时光以及他已经得到的一切。

他康复了，幸福地生活在位于 47 层的家中。他喜欢孩子们的美妙声音，喜欢妻子那深棕色的眼睛与精美的花鸟画。夜晚，他在窗前凝望着大海，心满意足地观赏着城市的夜景。从此，他的生活充满了阳光。

 人生箴言

梦想从来就没有一个固定的模式，它可能会以不同的形式获得实现；固执地寻找只能画地为牢，无法感受到身边的快乐。

第五篇　调整方向时的超越

不要盲目模仿别人

一位做生意的人从加拿大回来，请他的朋友吃饭。席间谈起今年的打算，他告诉朋友，他想在这个小城开一家极富多伦多风情的酒吧。

"有多大把握？"朋友问。

"几乎百分之百，这次在多伦多，我考察了当地的很多家酒吧。我记住了他们酒吧的建筑风格、桌椅摆设、墙上挂饰、灯光音乐、酒水口味、营业时间和经营理念……这么跟你说，他们的酒吧所拥有的一切，我都可以用半年的时间，在咱们这个小城建成。"

但朋友却为他担心。朋友想，在这个小城，就算建造出一座具有多伦多风情的酒吧，可是，这里有多伦多风情的顾客吗？

有个故事说：韩国人来到中国的戈壁滩，马上喜欢上了风味独特的蒙古烤肉，于是他们抄走了食谱，回国后急不可耐地如法炮制。遗憾的是，他们用来烤肉的石头，不是被烧裂，就是被烤碎。当然，不是他们笨拙，而是因为他们没有那种石头，那种戈壁滩上独有的、生长在恶劣气候里的、冻不碎也烧不裂的好汉石。

朋友也是这样。也许他有最详尽最完美的计划，却缺少那样的一块"石头"。

不要盲目模仿成功者的做法，这是我们在调整方向时应该注意的。作为一个创业者来讲，你必须要比人家看得更远，看到几年以后更加热门的东西，如果只看到别人目前成功的东西，你怎么能比人家做得更成功呢？况且，别人的成功有别人的客观条件。如果你不具备别人拥有的条件，却硬要模仿别人的做法，怎么能获得成功呢？

如果你的创业刚开始，你还是一只小老鼠，不要产生错觉把自己看成是一个大象。一只老鼠去学大象怎么走路，早就会被猫吃掉的。

 人生箴言

不管如何调整方向，目标都应该是做最好的自我，不要做别人。任何百分之百的模仿都没有必要。

做自己的主人

美国前总统里根小时候曾到一家制鞋店做一双鞋。鞋匠问年幼的里根："你是想要方头鞋还是圆头鞋？"里根不知道哪种鞋适合自己，一时回答不上来。于是，鞋匠叫他回去考虑清楚后再告诉他。过了几天，这位鞋匠在街上碰见里根，又问起鞋子的事情。里根仍然举棋不定，最后鞋匠对他说："好吧，我知道该怎么做了。两天后你来取新鞋。"

去店里取鞋的时候，里根发现鞋匠给自己做的鞋子一只是方头的，另一只是圆头的。"怎么会这样？"他感到纳闷。"等了你几天，你都拿不出主意，当然就由我这个做鞋的来决定啦。这是给你一个教训，不要让人家来替你作决定。"鞋匠回答。里根后来回忆起这段往事时说："从那以后，我认识到一点：自己的事自己拿主意。如果自己犹豫不决，就等于把决定权拱手让给了别人。一旦别人作出糟糕的决定，到时后悔的是自己。"

每个人都应该做自己的主人，自己的事情要自己做主，不要依赖别人。别人只能给你建议，何去何从，要自己拿主意。

　　法国一个偏僻的小镇，据传有一处特别灵验的泉水，常会出现神迹，可以医治各种疾病。有一天，一个拄着拐杖、少了一条腿的退伍军人，一跛一跛地走过镇上的马路，旁边的镇民带着同情的口吻说："可怜的家伙，难道他要向上帝祈求再有一条腿吗？"这一句话被退伍军人听到了，他转过身对他们说："我不是要向上帝祈求有一条新的腿，而是要祈求他帮助我，叫我没有一条腿后，也知道如何过日子。"

　　新英格兰的妇女运动名人格丽·富勒曾将一句话奉为真理，这句话是："我接受整个宇宙。"是的，我们应该做自己的主人，即使我们不接受命运的安排，也不能改变事实分毫，我们唯一能改变的，只有自己。

　　成功学大师卡耐基也说："有一次我拒不接受我遇到的一种不可改变的情况。我像个蠢蛋，不断作无谓的反抗，结果带来无眠的夜晚，我把自己整得很惨。终于，经过一年的自我折磨，我不得不接受我无法改变的事实。"

　　其实所有的危机，包括死，都是借助你自己的恐慌来伤害你的。要镇静地对待危机，像诗人惠特曼所说的那样："让我们学着像树木一样顺其自然，面对黑夜、风暴、饥饿、意外等挫折。"

 人生箴言

　　做自己的主人，自己作决定，对自己的决定负责。

遇见勇敢超越的自己

打开另一扇门

2004 年新学期开始，美国有一位小学校长，为激励全校师生的读书热情，公开发出宣誓——如果学生们在 11 月 9 日前读书 15 万页，他将在 9 日那天跑着上班。大家都知道，校长住的别墅区，离学校有 20 多公里的路程。全校师生刻苦读书，终于在 9 日之前读完了 15 万页书。有学生打电话问校长说话算不算数，校长坚定地说："一诺千金，我一定跑着上班。"这件事情很快就传遍了整个社区。

11 月 9 日，校长特意提前了 1 个小时，于早晨 6 点出发，所不同的是他没有驾车出门，而是穿着一套运动服跑出了家门。为了不影响交通，他不在公路上跑，而是在路边的草地上跑。社区过往的汽车都放慢了速度向他鸣笛致敬。有不少学生早就做好了准备，他们从不同的方向加入了奔跑的行列，与校长共同履行着这个诺言。

经过 3 个多小时的长跑，校长终于到了学校，全校师生夹道欢迎自己心爱的校长。当校长跨进校门时，孩子们蜂拥而上，拥抱他亲吻他……大家都被校长的一番苦心深深打动了。

　　一位老和尚，他身边聚拢着一帮虔诚的弟子。这一天，他嘱咐弟子每人去南山打一担柴回来。弟子们匆匆行至离山不远的河边，人人目瞪口呆。只见洪水从山上奔泻而下，无论如何也无法渡河打柴了。无功而返，弟子们都有些垂头丧气。唯独一个小和尚与师父坦然相对。师父问其故，小和尚从怀中掏出一个苹果，递给师父说："过不了河，打不了柴，见河边有棵苹果树，我就顺手把树上唯一的一个苹果摘来了。"后来，这位小和尚成了师父的衣钵传人。

　　面对过不去的河，可以掉头而回，更可以在河边做另一件事情——摘下一个"苹果"。也许，恰恰是这一个"苹果"，帮你实现了人生的突围和超越。

　　生活中，我们常常会遇到类似的困境，百般奋战却解脱无门，心中一片迷茫，这是思维定式和习惯使然。但是如果我们懂得转换思维，换个角度去看问题的话，可能在一瞬间会发现生活其实海阔天空，另有一番色彩。因此，灯枯油尽的时候切换思维，往往能让你立即感到"柳暗花明又一村"，别有洞天！

　　30年前，一位英国青年正准备在伦敦开业做专科医师的时候，突然病倒了。医生要他休养一年，而且说即使一年以后他也不适合做医师工作了。

　　这对于一个青年来说是多么大的打击啊！他喜欢做医师，建一所自己的诊所正是他努力奋斗的目标。现在，在正要跨上成功门槛的时候，门被关上了。他的心灰意冷可想而知。

　　有一位爱尔兰修女，常来照顾这个青年。她默默听完了他的苦恼，就说："你知道我们爱尔兰有一句俗话'假使上帝关上这一扇门，他就会开启另一扇门！'"

青年深受启发，不再自怨自艾，他从忧虑中解脱出来，开始从事写作。他的第一篇小说《矿工的堡垒》完成后，投寄给一个出版商，竟被顺利出版。从此，他开始了创作之路，成为英国一名很受欢迎的作家。

许多人在遇到突如其来的打击、噩运或挫败时，只会怨天尤人，而不去寻找那"另一扇门"。失去健康、错过升迁机会、失业，当然是不幸的，但也许更不幸是你又错过了解这些"打击"的意义。挫折并不是坏事，只要我们充满信心，这条路行不通了，换一条路试试，总会到达成功的彼岸。

 人生箴言

人生不会是一条笔直的捷径，不可能不遭遇挫折。重要的是保持乐观的心态，一扇门打不开，就去打开另一扇门，总有一扇门能让你顺利通过。

有所为有所不为

英国诗人约翰·邓恩曾写道："人非孤岛，每一个人都是陆地的一隅，大陆的一部分。"这意味着人与世界息息相关——在生命机能之网中相互联结，人是更广大和谐的一部分。

有时候在你生命中的偶然，其实都来自意义深远的必然。想想看你如何邂逅自己的终身伴侣？为什么选择你所上的大学？你怎么找到现在这份工作？又为什么住在现在这个住所？这些答案难道真是"只凭运气"？抑或是冥冥之中的安排？

如果你相信这是经由巧心安排，而非仅凭运气，那么你必然也相信作家林白夫人的隽语："潮汐的每一次循环，都有其意义；波浪的每一个周期，都有其意义；关系的每一个回合，也都有其意义。"生命中的许多事物，都自有其意义。

人生中，总有需要你做重大改变的时刻，遵循新的指引，采取不同的路径，甚至从头再来。虽然结果并不确定，但如果你能够勇气十足、充满信心和热忱地去做尝试，并且相信你的每一步都得到精神资源的指引，那么你就会发现人生是精彩的发现之旅。打开人生的另一扇窗，借此改变自己对人生的憧憬。

有个学生对他的老师说："老师，我很忙啊，要考托福，还要考研，还要拿双学位，还要应付期末考试……总觉得一样都不能放弃。"

老师对他说："你可不可以在一段时间内只做一件事情？有追求是好的，但是还要清醒，不要什么都想做什么都想要。"

一个经商的朋友，什么行业都想试一把，电子、房地产、服装……他涉足过的行业不下 10 个。但在每个行业里都做不长，做了这么多年的商人，虽没有亏得一塌糊涂，但也没赚到什么钱，更没有在某个行业里成为行家。

人的生命有限，时间有限，精力也有限，你不可能什么都想要，什么都去做。作为学者，你应该着重钻研自己熟悉的一两个领域；作为商人，你要学会放弃那些你不熟悉的行业，千万不要轻率进入，别人赚钱，不要眼红心动，否则，今天的投资意味着明天的垮台！

在人的一生中，往往会面临着诸多的选择，但人生苦短，又能给我们每个人多少犹豫、彷徨的时间？中国有句古话：有所为就有所不为。有所得，就必然有所失。什么都想得到，只能是生活中的侏儒。要想获得某种超常的发挥，就必须扬弃许多东西。盲人的耳朵最灵，因为眼睛看不见，他必须认真、仔细地听，久而久之，耳朵的功能就超越了常人。会计依赖计算工具的时间久了，心算的能力就差，2 加 3 也要用算盘打一遍，而摆地摊的商贩却是速算专家。生活中也一样，当你的某种功能充分发挥时，其他功能就可能退化。

人生箴言

　　自己不熟悉的领域不要轻易涉足，做事要专、要精。不要什么都想做，最后什么都做不好。

发掘自己的兴趣

调查表明，人在做自己感兴趣的事时是最容易获得成功的。因为一个人在做自己感兴趣的事的时候会投入全部的精力，不会受外界因素的干扰，从而使效率大大提高。但事实上很多人容易受别人的影响，或是受别人的摆布，做着自己不喜欢的事，以至于在工作中无精打采，毫无工作和生活的乐趣可言。心不甘、情不愿地做着工作，自然无法把工作做好，也就难免庸庸碌碌、得过且过。

老张教书20多年，一直是一个普普通通的教员，学校的生活让他感到很压抑，他很想离开，因为他自小就特喜欢画画，他的理想是做一名画家。

可是他的家人和朋友说他年纪不小了，何况教师这个职业既体面，工资又有保障，于是他继续做他的老师。后来，学校进行岗位清理，在教学上一贯不求"进取"的老张，最终还是被作为待岗人员"挂"了起来。

如果你想获得成就感，就不要让自己不感兴趣的事限制了其他兴趣的发展，你需要立即做出改变，不可拖拖拉拉、得过且过。为了成为最好的自己，最重要的是要发挥自己所有的潜力，追逐最感兴趣和最有激情的事情。当你对某个领域感兴趣时，你会在走路、上课或洗澡时都对它念念不忘，你在该领域内就更容易取得成功。如果你对该领域有激情，你就可能为它废寝忘食，即便睡觉时想起一个主意，都会跳起来。这时候，你已经不是为了成功而工作，而是为了享受而工作了。毫无疑问，你将会从此得到成功。

万平是某家酒店的行政主管，本来做得很好，因为新来了一位副手，并且从一开始就咄咄逼人地觊觎着他的位置，他感到了一种无形的压力，便开始考虑充电，以便巩固自己的地位。他选择了学习电脑技术，甚至连编程都认真地学，同时还学习英语。就在他终于把自己变成一个三流程序员、能简单地用英语对话时，对手已顺顺当当地取代了他的位置。

怎么也想不明白的万平懊悔不迭，扪心自问，自己在行政管理方面本来并不差，虽然有许多地方需要加强。但自己却弄错了方向，用错了力量。如果在自己感兴趣的方面——管理的效率与艺术方面入手，就不会让对方有可乘之机。

如果置自己的兴趣于不顾，认为自己能干好所有的事，那么你在职场上一定找不准自己的位置，就不可能真正体现自身的价值。

罗达的父亲是个颇有名气的律师，父亲希望罗达子承父业。罗达为考律师资格证夜以继日地读书，但还是名落孙山。实际上，罗达并不喜欢律师这个职业，他喜欢从事富有创意性的工作，因此在复习功课时往往心不在焉。

遇见勇敢超越的自己

162

后来，他试着转行，最终以建筑设计师的身份进入了一家建造庭院的公司。不到一年，他的设计就在比赛中获奖。他现在已得到该公司的重用，事业蒸蒸日上。

那么，如何寻找兴趣和激情呢？首先，你要把兴趣和才华分开。做自己有才华的事容易出成果，但不要因为自己做得好就认为那是你的兴趣所在。为了找到真正的兴趣和激情，你可以问自己：对于某件事，你是否十分渴望重复它，是否能愉快地、成功地完成它？你过去是不是一直向往它？是否总能很快地学习它掌握它？它是否总能让你满足？你是否由衷地从心里（而不只是从脑海里）喜爱它？你的人生中最快乐的事情是不是和它有关？当你这样问自己时，注意不要把你父母的期望、社会的价值观和朋友的影响融入你的答案。

如果你能明确回答上述问题，那你就是幸运的，如果你仍未找到这些问题的答案，那么建议你给自己更多的机会去寻找和选择。唯有寻找，你才能接触；唯有接触，你才能尝试；唯有尝试，你才能找到最适合自己的事业。

 人生箴言

不要照别人的"看法"去确定自己的事业。要想有所作为，给自己定好位，确定一个自己感兴趣的方向，然后努力去做，就会取得自己所期待的成功。

经营自己的长项

美国国际商用机器公司（IBM）总经理之子托马斯·沃森，小时候是个末流学生，同他声名显赫的父亲相比，他简直是个低能儿。在读商业学校时，他的各科学业全靠一名家庭教师的鼎力相助才勉强过关。后来他开始学飞行，却意外地发现自己驾驶飞机竟是那样得心应手，这使他对自己的信心倍增。第二次世界大战期间，他当上了一名空军军官。这段经历使他意识到自己"有一个富有条理的大脑，能抓住主要东西，并能把它准确地传达给别人"。沃森最终继承父业，成为公司总经理，使公司迅速跨入了计算机时代，并使年盈利额在 15 年里增长了 10 倍。

一个穷困潦倒的希腊年轻人到雅典一家银行去应聘一个门卫的工作，由于他除了自己名字之外什么都不会写，自然没有得到那份工作。失望之余，他借钱去了美国。许多年后，一位希腊大企业家在华尔街的豪华办公室举行记者招待会，会上，一位记者提出要他写一本回忆录，这位企业家回答："这不可能，因为我根本不会写字。"所有在场的记者都甚为吃惊，这位企业家接着说："万事有得必有失。如果我会写字，那么我今天仍然只是一个门卫而已。"

人生的诀窍在于经营自己的长处，找到发挥自己优势的最佳位置。英国近百年来最年轻的首相梅杰，47 岁登上首相高位，为世人所瞩目。然而他年轻时并无超人的聪明之处，16 岁时因成绩不好而退学，后又因心算太差未被录取为公共汽车售票员。对此有好多人想不通：一个连售票员都不能胜任的人怎么能够胜任首相之职？针对这种怀疑，梅杰在一次谈话中回答说："首相不是售票员，用不着心算。"从这里我们可以看出，一个人事业成功与否，并不完全取决于学历的高低，在很大程度上取决于自己能不能扬长避短，是不是善于经营自己的长处。

"尺有所短，寸有所长"，每个人都有自己的长处。如果你能经营自己的长处，就会给你的生命增值；反之，如果你经营自己的短处，那会使你的人生贬值。"条条大路通罗马"，"此门不开开别门"。世界上的工作有千万种，对人的素质要求各不相同，干不了这个可以干那个，总可以找到自己的发展天地。宋代诗人卢梅坡有诗云："梅须逊雪三分白，雪却输梅一段香。"在有的人看来，沃森是个末等生，那个希腊青年是个大文盲，梅杰连售票员都不能胜任，他们还能干成什么事业，成什么才？！但是，天无绝人之路，"大路朝天，各走一边"。什么文化不高、缺乏经验、没有职称，甚至身有残疾，都不是成才的障碍，关键是你要发现并经营好自己的长项。

人生箴言

　　只要你善于发掘自己的潜力，发挥自己的优势，经营自己的长处，就能找到发展自己的道路，创造美好的人生。

目光放长远一点

很久以前，有两位名叫柏波罗和布鲁诺的年轻人，他们是堂兄弟，两人雄心勃勃，渴望有一天能通过某种方式使自己成为村里最富有的人。他们都很聪明，而且勤奋。他们想，他们需要的只是机会。

一天，机会来了。村里决定雇两个人把附近河里的水运到村广场的水缸里去。这份工作交给了柏波罗和布鲁诺。两个人马上拎起水桶奔向河边。一天的劳动结束后，他们把整个镇上的水缸都装满了。村里的长辈按每桶水一分钱的价格付了钱给他们。

"我们的梦想实现了！"布鲁诺大声喊叫着，"我简直无法相信我们的好福气。"

但柏波罗却有着自己的想法。经过一天的劳累，他的背又酸又痛，手上也磨出了水泡。如果每天都这样工作，哪天才能出头呢？他冥思苦想，终于想出了一个好办法——修一条管道将水从河里引进村里去。

"一条管道？谁听说过这样的事？"布鲁诺大声嚷嚷着，"柏波罗，不要胡思乱想了，我们现在有一份很不错的工作。一天提 100 桶水，就可以赚 1 元钱！我们是富人了！一个星期后，就可以买双新鞋。一个月后，就可以买一头母牛。6 个月后，盖一间新房子的钱都有啦！这可是全镇最好的工作。我们一周只需工作 5 天，这辈子可以享受生活了！放弃你的管道吧！"

但柏波罗没有放弃自己的理想。他在提桶运水的同时，利用业余时间以及周末着手建造管道。他知道，在岩石般坚硬的土壤中埋下一条管道是一项十分艰难的工作。即使建起了供水管道，由于薪酬是根据运水的桶数来支付的，他的收入在开始的时候会下降，要到两三年之后，他的管道才会产生效益。尽管如此，柏波罗仍然坚信他的梦想是有意义的事情，于是他就努力去做了。

布鲁诺和其他村民开始嘲笑柏波罗，称他"管道人柏波罗"。布鲁诺赚到比柏波罗多一倍的钱，炫耀他新买的东西。他买了一头驴，配上全新的皮鞍，拴在他新盖的两层楼旁。

当布鲁诺晚间和周末睡在吊床上悠然自得时，柏波罗还在继续挖管道。一天天、一月月过去了，有一天，柏波罗意识到他的管道完成了一半，这意味着他只需提桶走一半路程了。这样，柏波罗就有更多的时间用来建造管道了。不久，管道终于完工了。村民们簇拥着来看水从管道流入水槽里！村子源源不断地有新鲜的水供应了，附近村子的人都搬到这座村子来生活，这里顿时繁荣起来。

管道一完工，柏波罗便不用再提水桶了。无论他是否工作，水都在源源不断地流入。他吃饭时，水在流入；他睡觉时，水还在流入；当他周末出去玩儿时，水仍然在流入。流入村子的水越多，流入柏波罗口袋的钱也就越多。

管道人柏波罗的名气大了，人们称他为"奇迹制造者"，政客们称赞他有远见，恳请他竞选市长。但柏波罗却开始计划他更大的管道梦想。

 人生箴言

风物长宜放眼量。鼠目寸光的人注定成不了大事。不为眼前利益放弃长远目标的人，才有机会获得更大的成功。

换个角度看风景

　　有人把自己的种种习惯看得很重，当作宝贝似的，非常珍惜，且不许稍加改变。比如说：某些东西，一定要放在某一个地方、朝某一个方向，牙刷要排成什么角度，冰箱里面的菜一定要整理成什么样子；睡觉必须要在某床、向某方位，否则睡不着；读书一定要坐某张椅子，才读得下；碗要排成什么样子，筷子要摆成什么形状……像这样，生活有规律的习惯，本来是很好的，但是如果别人和他的习惯不一样，他就懊恼，不停地唠叨："我习惯怎样怎样！我不习惯怎样怎样！"别人如果没有按照他的习惯做事，他就觉得别人很不对，觉得别人都不会做事情、都没规矩。他虽然嘴巴没说自己很会做事情，但是其实内心觉得别人做的都不合他的意，认为别人不如自己做得好。像这样就是反而被习惯束缚住了，变成了习惯的奴隶，也变成了傲慢的奴隶。可能他那些习惯并没有带给他什么大的利益，反而给他很多徒生烦恼的机会，使他生活更不快乐、不自在。

如果习惯与我们的目标不相符，就会成为我们事业和生活的障碍。习惯就好比是一把刀，它本身无所谓好和坏、善与恶，如果你正确地使用它来切东西，就是善用；如果不会用，切到自己的手而流血受伤，就是误用。所以刀子本身没有好坏，是看我们怎么使用，习惯也是如此。

许多人不成功，就是因为他们不喜欢改变自己的习惯。习惯束缚了他们的发展。改变习惯，才能接受新思想、新方式。

孩子回到家里，向父母讲述幼儿园里发生的故事："爸爸，你知道吗？苹果里有一颗星星！"

"是吗？"父亲轻描淡写地回答道，他想这不过是孩子的想象力，或者老师又讲了什么童话故事了。

"你是不是不相信？"孩子打开抽屉，拿出一把小刀，又从冰箱里取出一只苹果，说道，"爸爸，我要让您看看。"

"我知道苹果里面是什么。"父亲说。

"来，还是让我切给您看看吧。"孩子边说边切苹果。

他似乎切错了。我们都知道，"正确"的切法应该是从茎部切到底部凹处。而孩子却是把苹果横放着，拦腰切下去。

然后，他把切好的苹果伸到父亲面前："爸爸你看，里头有颗星星吧。"

这个故事告诉我们，限制自己的视野，你能看到的只是一片毫无新意的天地。试着换个角度，让自己的视野更开阔些，也许就能发现一片令人耳目一新的新天地。

有两个观光团到某处旅游,路况很坏,到处都是坑。其中一位导游连声抱歉,说路面简直像麻子一样。而另一个导游却诗意盎然地对游客说:"诸位先生女士,我们现在走的这条道路,正是赫赫有名的迷人酒窝大道。"

虽是同样的情况,然而从不同的角度,却会看到不同的风景。如何去想,决定权在你。

一位商人从电视上看到博物馆中藏有一件明代流传下的被称为"龙洗"的青铜盆,盆边有两耳,双手搓摩它们,盆中的水便溅起一簇簇水珠,高达尺余,甚为奇特。这个商人突发奇想——如果仿制此盆,将它摆放在旅游景点或人流量多的地方,让游客自己搓摩,经营者收费,岂不是一条很好的财路?于是他找专家分析、研究,仿制成功后投放市场,果然效果出奇地好。博物馆中的青铜盆只具有观赏价值,而此商人将仿制品推向市场,则取得了很好的经济效益。

哲学家曾以半杯水为例,讲出了换个角度看问题的重要性:乐观的人认为再有半杯就可以满了,而悲观的人却认为只剩下这半杯就快没了。

对待人生用减法,那么处处充满悲观、危机和压力。

20岁的人,失去了童年;30岁的人,失去了浪漫;40岁的人,失去了青春;50岁的人,失去了理想;60岁的人,失去了健康;70岁的人,失去了盼头。

用加法思考人生,那么,处处都充满着希望、生机和快乐。

20岁的人,拥有了青春;30岁的人,拥有了才干;40岁的人,拥有了成熟;50岁的人,拥有了经验;60岁的人,拥有了彻悟;70岁的人,拥有了财富。

换一个角度看人生，人生无处不飞花。

 人生箴言

"横看成岭侧成峰，远近高低各不同。"换个角度来看风景，风景便会有不一样的风采。而换个角度看人生，更会有不同的景致。

另辟蹊径

19 世纪中叶，美国加州传来发现金矿的消息。许多人认为这是一个千载难逢的发财机会，于是纷纷奔赴加州。17 岁的小农夫亚默尔也加入了这支庞大的淘金队伍，他同大家一样，历尽千辛万苦，赶到了加州。

淘金梦是美丽的，做这种梦的人很多，而且还有越来越多的人蜂拥而至，一时间加州遍地都是淘金者，而金子自然越来越难淘得。

不但金子难淘，而且生活也越来越艰苦。加州气候干燥，水源奇缺，许多不幸的淘金者不但没有能够圆致富梦，反而葬身异乡。

小亚默尔经过一段时间的努力，和大多数人一样，不但没有发现黄金，反而被饥渴折磨得半死。一天，望着水袋中舍不得喝的一点点水，听着周围人对缺水的抱怨，亚默尔突发奇想：淘金的希望太渺茫了，还不如卖水呢。

于是亚默尔毅然放弃对淘金的努力，将手中挖金矿的工具变成挖水渠的工具,从远方将河水引入水池,用细纱过滤,成为清凉可口的饮用水,然后将水装进桶里,挑到山谷一壶一壶地卖给找金矿的人。

当时有人嘲笑亚默尔,说他胸无大志:"千辛万苦地到加州来,不挖金子发大财,却干起这种蝇头小利的小买卖,这种生意哪儿不能干,何必跑到这里来?"

亚默尔毫不在意,不为所动,继续卖他的水。哪里有这样的好买卖?哪里有这样好的市场?几乎无成本,而且不需要任何资金,也不会积压产品。

结果,淘金者都空手而归,亚默尔却在很短的时间靠卖水赚到几千美元,这在当时是一笔非常可观的财富了。

俗话说的"条条大路通罗马,扇扇大门通成功"就是告诫我们不要墨守成规,而要另辟蹊径。只有这样,才会有意想不到的收获。

这就好像一个人要穿过沼泽地,因为没有路,便试探着往前走。虽然很艰险,不过左蹦右跳,也能找出一段路来。可好景不长,未走多远,一不小心,竟一脚踏进烂泥里,沉了下去。另一个人要穿过沼泽地,看到前人的脚印,便想:这一定是有人走过,沿着别人的脚印走,一定不会有错。试着踏上去,果然实实在在,于是便放心走下去,最后,也一脚踏空,沉入烂泥。还有一个人,看着前面两人的脚印,想都未想,便沿着它们走了下去,他的命运,也是可想而知的。最后一个人也要穿过沼泽地,看着前面众人的脚印,心想:这里有这么多人走过,为什么还有人说这儿是死亡之地呢?这里一定是埋葬了很多人,于是,他决定放弃沿此路前进的想法,另辟蹊径,终于走出了这片沼泽地。

世上的路，并不是走的人越多，就越平坦与顺利，跟着别人的脚印走，不仅走不出新意，有时还可能跌进陷阱，陷入绝境。

 人生箴言

成功之道无一定的模式。另辟蹊径，会有意想不到的收获。

因循守旧的尴尬

可怜的驴子背着几袋沉甸甸的盐，累得呼呼直喘气。突然，眼前出现了一条小河，驴子走到河边冲了冲脸，喝了两口水，这才觉得有了力气。它准备过河了，河水清澈见底，河床上形状各异的鹅卵石光光的，看得清清楚楚。驴子只顾欣赏美景，一不留神，蹄子一滑摔倒在小河里，好在河水不深，驴子赶紧站了起来。奇怪！它觉得背上的分量轻了不少，走起来再也不感到吃力了。

驴子很高兴："看来，我得记住，在河里摔一跤便会轻许多！"

不久，又运东西了，这次驴子驮的是棉花。前边又是那条小河了，驴子想起了上次那件开心的事，心里真是高兴："背上的几袋东西虽说不重，可再轻一些不是更好吗？"于是，它喝了几口水，向河里走去。到了河心，它故意一滑，又摔倒在小河里。这次驴子可不着急，它故意慢腾腾地站了起来。哎呀，太可怕了，背上的棉花变得好沉呀！比那可怕的盐袋还沉几倍。

要办好一件事，不能因循守旧。一个最重要的问题，是要能够对事物作出准确的判断，在认识论上不能犯错误。对形势的判断、对阶段的判断、对事物的判断，特别是对规律的认识要准确。

过去有一个卖草帽的老人，走过一片树林时有些疲倦，便戴上一顶草帽遮着太阳，靠在一棵树根边睡了一会儿。一觉醒来，发现自己的一篮子草帽被一群猴子抢光了，猴子们都戴着草帽玩儿得很开心，那可是老人辛苦编织用来养家糊口的。老人很着急，但急中生智，知道猴子喜欢模仿人的行为，便取下自己头上的草帽扔在地上。猴子们果然也学着老人摘下草帽扔在地上，老人连忙从地上一个个地把草帽捡起来，避免了一大笔经济损失。

许多年后老人的孙子也继承祖辈的手艺，靠卖草帽为生。有一天同样走过这片树林，有些疲倦，便戴上一顶草帽遮着太阳，靠在一棵树根边睡了一会儿。一觉醒来，同样发现自己一篮子草帽被一群猴子抢光了，老人的孙子想起爷爷当年的故事，便取下自己头上的草帽扔在地上，希望猴子们也学着自己摘下草帽扔在地上，可这次猴子却立即把他扔在地上的草帽捡起来也拿走了。老人的孙子很惊讶，问道："你们怎么不扔草帽还捡我的？"捡草帽的猴子讥笑他说："傻子，你以为只有你有爷爷呀？"

没有一成不变的事物，也没有放之四海而皆准的真理，必须以运动的观点去看事物。抱着旧观念、旧框框去看待新情况，必然是行不通的。

 人生箴言

时代变化很快，有时候靠过去的成功经验办事不仅不能复制成功，还有可能导致失败。所以，我们必须随着时代变化而不断创新。

改变思路道路宽

老和尚在先后两天里，分别安排甲、乙两个小和尚去另一座寺院取一本经书。他对两个小和尚都是这么讲的："那座寺院，在我们的正南方，你去的路上千万别走岔了道，要一直往前走。"

第一天清晨，甲和尚去了，不到中午就回来了，可他没取来经书，他对老和尚说："您指的路根本不对，一直往前走，隔着一座无法逾越的悬崖呢。"

老和尚就让他先休息去了。

第二天清晨，乙和尚去了，直到天黑才回来，他终于取回了老和尚要的经书。

那本经书的扉页上赫然印着：所有的目的地都是正前方，但并不说明走向目的地的路线没有任何曲折。

老和尚对两个小和尚说："修行的道理也是这样的。"

"黄河之水天上来，奔流到海不复回。"但是，黄河有许多大大小小的曲折，所以被称为"九曲黄河"。因势利导、顺其自然，就会发现我们应该走的道路在哪里。迂回和曲折，有时是为了更好地前进。碰到障碍轻易放弃固然不对，但故步自封、思想僵化更不可取。如果这里虽然望得见目标，而这前面却只是一片陡峭的石壁、没有可以攀登的路径时，我们也只好换一个方向，绕道而行。

很多人认为，绕道而行意味着前功尽弃，其实不然。绕道而行不是一条路的终止，而是原来的人生道路的延续，只是出现了一个必要的曲折，绕了一个必要的弯。

绕道而行不同于知难而退。知难而退是碰上困难时，前进者放弃心中的追求，而采取了撤退、退却的行动，也就是来了个"向后转"，打道回府。

绕道而行的本意是继续前进，是避开一时间难以克服或者难以清除的障碍所做的适度调整，心中的追求依然存在。而且，绕道而行表面上走了弯路，实际上，却因为避开了障碍，反而赢得了时间、财力和人力。

知难而退肯定不能到达目的地，绕道而行却一定可以到达目的地。这就是两者的根本区别。

绕道而行不等于缺乏毅力。绕道而行其实需要的正是毅力，固执地守在一个正确的地方，这也算一种坚持，但坚持在一个错误的地方，有什么意义呢？绕道而行也是"坚持"，是坚持找到前进的道路，99次失败后，把希望放在第100次上，100次失败之后，把希望放在第101次上。正如法国作家勒农说："你不要着急！我们所走的路是一条盘旋曲折的山路，要转很多弯，兜许多圈子，时常我们觉得好似背向着目标，其实，我们总是越来越接近目标。"

人生箴言

　　成功，需要你战胜一个又一个"障碍"。当你绕道而行时，不是放弃了对成功的追求，而只是放弃了一个阻碍成功的障碍。

成功由小事积累而成

一只新组装好的小钟放在了两只旧钟当中。两只旧钟"嘀嗒""嘀嗒"一分一秒地走着。

其中一只旧钟对小钟说："来吧，你也该工作了。可是我有点担心，你走完 3200 万次以后，恐怕便吃不消了。"

"天哪！3200 万次。"小钟吃惊不已。"要我做这么大的事？办不到，办不到。"

另一只旧钟说："别听他胡说八道。不用害怕，你只要每秒嘀嗒摆一下就行了。"

"天下哪有这样简单的事情。"小钟将信将疑，"如果这样，我就试试吧。"

小钟很轻松地每秒钟"嘀嗒"摆一下，不知不觉中，一年过去了，它摆了 3200 万次。

我们都渴望成功，但成功却似乎远在天边遥不可及，倦怠和不自信让我们怀疑自己的能力而放弃努力。其实，我们只须像那只钟一样，每秒"嘀嗒"摆一下，成功的喜悦就会慢慢浸润我们的生命。

大学刚毕业时，小林被分配到一个偏远的小镇当教师，工资很低。小林一边抱怨命运不公，一边羡慕那些拥有一个体面的工作、拿一份优厚薪水的同窗。其实小林有着不少优势，教学基本功不错，还擅长写作，但他不仅对工作没了热情，而且连写作也失去了兴趣。他整天琢磨着"跳槽"，幻想能有机会调换一个好的工作环境，也拿一份优厚的报酬。

就这样两年时间匆匆过去了，小林的本职工作干得一塌糊涂，写作上也没有什么收获。这期间，小林试着联系了几个自己喜欢的单位，但最终没有一个接纳他。

然而，后来发生的一件微不足道的小事，改变了小林一直想改变的命运。

那天学校开运动会，这在文化活动极其贫乏的小镇，无疑是件大事，因而前来观看的人特别多。小小的操场四周很快围出一道密不透风的环形人墙。

小林去晚了，站在人墙后面，踮起脚也看不到里面热闹的情景。这时，身旁一个很矮的小男孩吸引了小林的视线。只见他一趟趟地从不远处搬来砖头，在那厚厚的人墙后面，耐心地垒着一个台子，一层又一层，足有半米高。小林不知道他垒这个台子花了多长时间，但他登上那个自己垒起的台子时，冲小林粲然一笑，那是成功的喜悦。

刹那间，小林的心被震了一下——多么简单的事情啊：要想越过高高的人墙看到精彩的比赛，只要在脚下多垫些砖头就行了。

从此以后，小林满怀激情地投入到了工作中，踏踏实实，一步一个脚印。很快，小林便成了远近闻名的教学能手，编辑的各类教材接连出版，各种令人羡慕的荣誉纷纷落到小林的头上。业余时间，他不辍笔耕，各类文学作品频繁地见诸报刊，成了多家报刊的特约撰稿人。如今，小林已被调至自己颇喜欢的学校任职。

　　其实，一个有理想的人只要不辞辛苦，默默地在自己脚下多垫些"砖头"，就一定能够看到自己渴望看到的风景，摘到挂在高处的那些诱人的果实。

　　完成小事是成就大事的第一步。伟大的成就总是跟随在一连串小的成功之后。在事业起步之际，我们会被分派到与自己的能力和经验不相称的工作岗位，直到我们证明了自己的价值，才能渐渐地被委以重任和更多的工作。将每一天都看成是学习的机会，这会使你在公司和团体中体现出价值。一旦有了晋升的机会，老板第一个就会想到你。任何事，任何目标，都是这样一步一步到达成功彼岸的。

 人生箴言

　　伟大的事业总是由无数个微不足道的小事情积累而成，小事情干不好，大事情也不会干成功。

目标要适当可行

以下这段话是一位安葬于西敏寺的英国国教主教的墓志铭：

我年少时，意气风发，踌躇满志，当时曾梦想要改变世界，但当我年事渐长，阅历增多，我发觉自己无力改变世界，于是我缩小了范围，决定先改变我的国家。

但这个目标还是太大了。

接着我步入了中年，无奈之余，我将试图改变的对象锁定在最亲密的家人身上。但天不从人愿，他们个个还是维持原样。

当我垂垂老矣，我终于顿悟了一些事：我应该先改变自己，用以身作则的方式影响家人。

若我能先当家人的榜样，也许下一步就能改善我的国家，再后来我甚至可能改造整个世界，谁知道呢？

没有目标，人生就没有方向。但目标不切实际，同样会让你一生碌碌无为。只有制订可行的目标，并根据实际情况进行调整、完善，最终目标才可能实现。

实现目标要有一种正确的观念、方法，并将目标切实分解落实。只有可分解的、能实现的目标，才是可行的目标。在目标确定和实现的过程中，不能仅依靠经验值，还要与科学的方法相结合。另外，保持一种好的心态将会帮助你克服很多困难。

成功学者建议，你的短期目标不但要有激励价值，而且要现实可行；你的中短期目标应尽可能具体明确，并有具体的时间限制；你的长期目标要尽可能远大。

此外，你还要定期评估计划的执行情况。定期评测进展，这和你的行动同样重要。随着计划的进展，你有时会发现你的短期目标并没有使你向长期目标靠拢；也许，你可能发现你当初的目标不怎么现实；也许你会觉得你的中长期目标中，有一个并不符合你的理想及人生的最终目标。不管是怎样的情况，你都需要作出调整。

学会根据最重要的目标来判断其他目标。想到什么目标，不妨先写下来。起初，你没必要判断这些目标是不是能够实现，也不要管它们是长期的还是短期的。把能想到的都写下来后，再对照你的人生目标仔细地检查一下。

如果你发现这些目标之中有什么与你的人生目标和你的理想不符合，一般来说你可以有两种选择：把它去掉、忘掉；重新评估你的人生目标，考虑改写。二者必居其一。

人生箴言

　　目标要切实可行，既不能高不可攀，也不要毫无吸引力。恰当的目标会提高你的工作效率。

多想几步

爱若和布若差不多同时受雇于一家超级市场，开始时大家都一样，从最底层干起。可不久之后，爱若受到总经理的青睐，一再被提升，从领班直到部门经理。布若却像被人遗忘了一般，还在最底层工作。终于有一天，布若忍无可忍，向总经理提出辞呈，并痛斥总经理用人不公平。

总经理耐心地听完，说："布若先生，请你马上到集市上去，看看今天有什么卖的。"布若很快从集市回来说，刚才集市上只有一个农民拉了一车土豆卖。"一车大约有多少袋、多少斤？"总经理问。布若又跑去，回来说有 10 袋。"价格多少？"布若再次跑到集上。

总经理望着跑得气喘吁吁的他说："请休息一会儿吧，你可以看看爱若是怎么做的。"然后叫来爱若对他说："爱若先生，请你马上到集市上去，看看今天有什么卖的。"爱若很快从集市回来了，汇报说到现在为止只有一个农民在卖土豆，有 10 袋，价格适中，质量很好，他带回几个让经理看。这个农民过一会儿还会有几筐西红柿上市，据他看价格还公道，可以进一些货。这种价格的西红柿超级市场是可以接受的，所以他不仅带回了几个西红柿做样品，而且还把那个农民也带来了，他现在正在外面等回话呢。

一旁的布若早已经红了脸。

无疑，爱若是个有心人，他的成功在于遇事能够多想几步。

一个成功者之所以能够成功，其实并没有多少秘诀，有时只不过他们比平常人多想了几步罢了。在人生中多想几步是重要的。"埋头苦干"固不可少，但也不能忽视了"抬头看路"。多想几步有时非但不会浪费时间，还会使自己对未来拥有一个更充分、全面的了解和把握，从而更接近成功的目标。

一个犹太人对他儿子说："我们唯一的财富就是智慧，当别人说1加1等于2的时候，你应该想到大于2。"

1946年，他们来到美国，在休斯敦做铜器生意。

一天，父亲问儿子一磅铜的价格是多少，儿子答35美分。父亲说："对，整个得克萨斯州都知道每磅铜的价格是35美分，但作为犹太人的儿子，你应该说3.5美元。你试着把一磅铜做成门把手看看。"

20年后，父亲死了，儿子成为麦考尔公司的董事长。让他扬名于世的是纽约州的一堆垃圾。

1974年，美国政府为清理给自由女神像翻新扔下的废料，向社会广泛招标。他未提任何条件，当即就签了字。

纽约许多运输公司对他的这一"愚蠢"举动暗自发笑。因为在纽约州，垃圾处理有严格规定，弄不好会受到环保组织的起诉。就在一些人要看这个得克萨斯人的笑话时，他开始组织工人对废料进行分类。他让人把废铜熔化，铸成小自由女神像；把木头等加工成底座；废铅、废铝做成纽约广场的钥匙；最后，他甚至把从自由女神身上扫下的灰尘都包装起来，出售给花店。不到3个月的时间，他让这堆废料变成了350万美元。

 人生箴言

人要善于观察、学习、思考和总结，仅仅靠苦干奋斗、埋头拉车而不抬头看路，结果常常是原地踏步，明天仍旧重复着昨天和今天。

自信的人最幸福

从伦敦飞往巴黎的班机上，坐着一位瘦小的老妇人。她衣着粗陋而整洁，看得出是个打杂女工。她怀中抱着一个手提包，里面有1400 美元——这是她 3 年来的积蓄。她脸上流露出兴奋与忐忑的神情，因为此行将实现她的理想。

这位哈里斯太太一年到头上门给顾客做家务，每天工作 10 小时。3 年前的一天，她在顾客家看见两件美丽的衣服，便念念不忘。她问明这衣服是从巴黎黛尔赫时装公司买来的，于是开始攒钱。今天，她终于坐上了飞往巴黎的班机。

黛尔赫时装公司经理柯伯特女士今天上午心情非常不好，这是因为她在外交部工作的丈夫朱尔斯。朱尔斯是部里最有才干的人，可是他没有政坛上的亲朋好友，因而多年来一直得不到提升，而他已经 50 岁了。最近有一个部门的主任去世了，谁接替他成为一个热门话题。朱尔斯可能又会被别人排挤掉。柯伯特女士眼看他这一生即将无望，因而深感悲伤和痛苦。

此时她正在安排下午的时装展览会。有个老妇人走了过来，她穿着破旧的衣服，戴着颜色不相配的手套，径直走近柯伯特女士，说："嗨，亲爱的，请问衣服挂在哪儿？"柯伯特女士冷冷地说："恐怕您找错了地方，衣服不在这儿，时装展览会只对私人开放。"

哈里斯太太茫然地说："那么，我就看这个展览会吧。"

柯伯特女士感到一阵不耐烦："对不起，这个星期的展览会已经全部客满。请您下个星期再来。"

哈里斯太太胸中不禁燃起怒火："您以为我买不起？看！"她拉开提包往下一倒，一张张绿色的美元飘然而下。

柯伯特女士迷惑而震惊，却更加坚决："对不起，展览会已经客满！"

哈里斯太太嘴唇发抖："啊，你们法国人难道没有心肠吗？难道您没有渴望过一样东西吗？—— 一想到它就会流泪，在黑夜里因为得不到它而浑身颤抖？"这话像刀子一样戳痛了柯伯特女士的心：她自己就是为丈夫的事揪心而夜夜辗转难眠。刹那间，她理解了这位老妇人的心。

"您3点钟来吧，"她说，"座位是没有了，不过我可以给您在楼梯上找个地方。"

安德鲁先生是黛尔赫公司的会计员，年轻英俊，身材魁梧。由于工作关系，他有时要到绰约多姿的模特们当中去。他很乐意去那里，有时还为此找借口，为的是能看一眼他心目中的女神。他心中充满了绝望的爱情。

模特明星娜塔莎是巴黎的宠儿，很多人认为她有着灿烂的前程——要么在电影界发展，要么嫁给某个富豪名流。

安德鲁先生来自一个中等家庭，职业和收入都不错，但他的世界离娜塔莎犹如地球到某个行星那么遥远。

他看到了她，穿着即将表演的时装。他觉得心脏停止了跳动——她是这样的美丽。

娜塔莎来自里昂的一个中等家庭，她厌倦了职业带给她的生活。她没有在电影界发展的野心，也不想嫁给大富翁。她想有一个她所生长的那样的家庭，同一个她爱的人结婚，一个善良、淳朴的男人，不需要有多么英俊或聪明。她模糊记得见过眼前这个年轻人，却不知道他是谁。

柯伯特女士把哈里斯太太带到了留给要人的机动座位上。因为她觉得，比起那些漫不经心只顾炫耀自己的人来，哈里斯太太是真正喜爱衣服的，而且她不知付出了多大的勇气来追寻她的梦想。

坐在哈里斯太太旁边的是一位老先生。他的外套扣眼里插了一朵玫瑰似的东西，这让哈里斯太太很惊奇。老先生冷淡地问："有什么不对吗，女士？"

"哦，对不起，"哈里斯太太说，"我居然那样看着您。我以为是一朵花。我喜欢花。"

她的天真回答把老先生的一丝不快驱除了："这是个花结。如果是真花就会好看些。"

"您是来给您的女儿买衣服的吗？"

"不，我常到这儿来。我喜欢看漂亮的衣服、漂亮的女人。这使我觉得自己又年轻了。"

"是啊！"哈里斯太太附和着，并凑近他低声说，"我特地从伦敦来给自己买件衣服。"

老先生一下子明白了。他想起了他的年轻时代，他在英国读书的日子，那些打杂的女工，她们快乐的外表下蕴含的正是生活艰辛的勇敢和坚强。

"这太妙了。希望您能找到您喜欢的衣服。"

一个衣着时髦华贵的女人由两位服务员小姐陪同走到哈里斯太太身边坐下。哈里斯太太闻到一阵浓香。"噢，您身上真香啊。"她由衷地赞美道。

那女人神色愠怒，用法语冲着柯伯特女士喊："您让这个粗野的东西坐在我旁边是什么意思？让她走，我有个朋友要坐在这里！"

那位老先生涨红了脸，想说什么。

柯伯特女士犹豫了一下。哈里斯太太听不懂她们在说些什么，她平静地坐着，脸上挂着明朗而自信的微笑，仿佛是世上最幸福的人。

"让她走"就像是在责打一个无辜的孩子，柯伯特女士这样想。

她坚决地说："这位女士有权坐在这里。她专程从伦敦到这里来买衣服，我不能让她走！"

老先生恢复了常态，赞赏地看着柯伯特女士。娜塔莎上场了，她穿着一件纯黑的晚礼服，光彩照人，魅力四射，人们热烈地鼓掌。哈里斯太太的心狂跳起来，就是这一件！她选定了！

试衣室里，哈里斯太太穿上了这件晚礼服，十分合身。"啊，就是这件了。"

哈里斯太太快乐而圆满地结束了她的巴黎之旅。

 人生箴言

自信和能力无关，也和年龄无关。自信只是你自己的事情，别管他人怎么看、怎么想。

爱的演绎

圣诞夜的马戏表演开演了。孩子们满心喜悦地坐在巨大的帐篷里。当黑色的矮马跳舞时，他们欣喜若狂；当雄狮怒吼时，他们毛骨悚然；当穿着银白色紧身衣的漂亮女郎在半空中荡秋千时，他们惊恐得大叫。

啊，小丑出场了！他刚在跑马道上跌跌绊绊地出现，孩子们就欢快地扯开他们的嗓门尖叫起来。从那一刻开始，人们就连自己的说话声都听不见了。孩子们大笑着，帐篷在他们的笑声中颤抖。他们笑得那么厉害，以至眼泪蒙住了视线。这个小丑可真了不起！

突然，这个年迈的著名小丑紧张起来。他发现一个头上扎着红蝴蝶结的小姑娘。小姑娘和她的父母坐在紧挨跑马道的第一排。她是一个长着聪明俊秀的面庞的漂亮姑娘，身上穿着一套节日的蓝衣服。坐在她身旁的父亲在笑，母亲也在笑，只有这个扎着红蝴蝶结的小姑娘不笑。年迈的小丑想：亲爱的，让我来试试，看我能不能把你也逗笑！于是他又专为这个坐在第一排的小姑娘卖力地表演起来。年迈的小丑从没有表演得如此精彩。

然而……无济于事。那姑娘仍然毫无笑意。她瞪着滚圆而呆滞的眼睛看着小丑，连嘴角都没有动一下。她真是个迷人的小姑娘，只是她一点也不笑。

小丑莫名其妙。过去，他的每一次插科打诨都知道什么时候观众开始笑，什么时候停止笑。因此他的逗乐总是恰到好处。他与观众能够进行融洽的交流。这场为孩子们做的表演对于他来说是很轻松的，因为孩子们是天真无邪的观众，可以与他们轻而易举地交流感情。但是那个小姑娘却高深莫测。

年迈的小丑正在模仿兔子，他突然感到一阵不知所措的悲戚和束手无策的恐惧。他真想中断表演。他觉得，如果坐在第一排的那个小姑娘还是那样瞪着他，他就无法再继续表演了。

于是他走到小姑娘面前，有礼貌地问："告诉我，你不喜欢我的表演吗？"小姑娘友好地回答："不，我很喜欢。"

"那么，"小丑问，"其他的孩子都在笑，你为什么不笑呢？"

"请问，我为什么应该笑呢？"小丑沉思后说："比如说，为了我。"

姑娘的父亲想插嘴，但小丑向他做了个手势，表示希望姑娘自己回答。

"请您原谅，"她回答，"我不是想使您难过，但我确实不觉得您可笑。"

"为什么？"

"因为我看不见你。我是盲人。"

母亲解释道："爱丽卡从来没有看过马戏！我们给她讲过不少关

于马戏表演的情况。"

"所以这一次她无论如何都要来。她想知道马戏究竟是怎么回事！"父亲说。

小丑郑重地问："爱丽卡，你现在知道马戏是怎么回事了吗？"

"是的，"爱丽卡高兴地回答，"我知道了，爸爸和妈妈给我解释了这里的一切。我听到了狮子的怒吼和小马的嘶鸣。只有一件事还不清楚。"

"什么事？"小丑虽然明白，但还是问道。

"为什么您那么可笑？"扎着红蝴蝶结的爱丽卡说，"为什么大家会对您发笑？"

"是这样。"著名的小丑像要作出重大决定似的，向观众鞠了一个躬，把身子倾向女孩。"你摸摸我的脸，"他说，"还有脖子，接着是肩膀，然后还有手臂和腿。这是第一步。你必须准确地知道我是什么样子。"

"你知道我的长相了？"爱丽卡点点头。

"那好，我们开始吧！"小丑说，"但是请不要让手离开我。你要不停地摸着我，这样你才能知道我在干什么。"

于是年迈的小丑开始表演。"现在小熊在跳舞。"年迈的小丑说。当他模仿熊跳舞时，爱丽卡细嫩的小手抚摩着他，但是她的面容仍然呆滞不变。

虽然这是他毕生最困难的表演，但是小丑一点也不畏缩。他又开始学鳄鱼，然后学小猪。渐渐地，爱丽卡的手指从他的脸上滑到了肩上，她的呼吸急促起来，嘴巴也张开了。

仿佛爱丽卡用她的小手看到了其他孩子用眼睛看到的东西。她在小丑装小猪的时候咯咯地笑起来，笑得短促而轻柔。

年迈的小丑更有信心地表演起来。爱丽卡开始欢笑了。

"现在是兔子。"小丑说，同时开始表演他的拿手好戏。爱丽卡大笑起来，声音越来越响。她高兴得喘不过气来。

"再来一遍，"她兴奋地喊，"请再来一遍！"年迈的小丑又表演了一遍兔子，一遍又一遍。爱丽卡还是没个够。她的父母面面相觑，爱丽卡还从来没有这么快活过。

她笑得气喘吁吁。她高喊："妈妈！爸爸！现在我知道小丑是怎么回事了！现在我什么都知道了！这真是世界上最美的圣诞节啊！"她细小的手指仍在跪在她面前的老人脸上摸来摸去。

突然，爱丽卡吃了一惊：她发现这个伟大的小丑哭了！

 人生箴言

爱，是世界存在下去的唯一理由，也是我们认识世界的唯一途径：因为爱是创造一切的动力。

第六篇

情感困扰时的超越

执子之手的境界

　　手大概是人身体上使用率最高的器官。一个人从小长到大，先是由父母长辈牵着，后是由幼儿园老师牵着，再后来，有了恋人，我们的手就和幸福牵在了一起。中国人尤其讲究"执子之手，与子偕老"的美好境界，那是人生最美的一道风景。台湾歌手苏芮的一曲《牵手》唱出了这个人生中最美好的景象，因此打动了亿万人的心。

　　民间有这样一句俗语：最亲的是父母，最近的是夫妻。没有一个人能那样和你亲密无间地同床共枕，只有你的爱人；没有人能那样和你利益共享、风险共担，只有你的爱人。前几年，社会上有人戏称，夫妻之间是"左手摸右手"，意思是找不到当年恋爱时的感觉了。其实，当夫妻之间如同左右手时，一般也是人到中年了。这时候，夫妻间的同甘共苦、相濡以沫、心有灵犀，都体味至深，感情在岁月的锤炼中由热血澎湃的"爱情"渐变为小河流水般的绵绵

"亲情"。如果你仔细观察，还会发现，因为两心相爱，朝夕相处，饮食一样，作息同步，夫妻两人也越长越像，如同一棵树上的两片叶子那样相依又相似。女作家张爱玲说过："短的是人生，长的是苦难。"大概，为了应对人生长长的苦难，男人和女人走到了一起，夫妻就是用两个人的肩膀共同阻挡一个屋檐下的风风雨雨。

在电视上曾经看过这样一个节目，一位男士被蒙着眼睛，从一排女士之中摸认他的妻子，这位男士一一摸了摸女士的手，当摸到他的妻子的手时，他毫不犹豫地认了出来。主持人问他为什么摸得这么准，男士说是凭手感，那双手自己摸了几十年，就像摸到自己的手一样亲切。这一番话说得妻子热泪盈眶，满脸幸福。

婚姻的至高境界永远是白头偕老，古有"执子之手，与子偕老"之吟咏，今有"我能想到最浪漫的事是，就是和你一起慢慢变老"之歌唱。当夫妻如同"左右手"时，你就庆幸吧。试想，还有什么东西能像你的左右手一样，永远不离不弃、永远默默陪伴着你呢？

 人生箴言

妻子（或丈夫）是真正能与你携手到老的人，她（他）真的就像你的另一手；她（他）简单而平凡地支撑着你，使你的人生达到至高境界，使你认识人生的真谛和美好。

超越生死的谎言

一天夜晚，男孩骑着摩托车带着女孩在空旷的公路上行驶。

"我怕，你开慢点好吗？"女孩胆怯地说道。

男孩微笑着看了一眼女孩，安慰地说："好吧，可是你得先说一句'我爱你'才行。"

"好吧，我爱你，现在可以开慢点了吧？！"

"你能再抱我一下吗？！"男孩说。

"嗯。"女孩给了男孩一个深深的拥抱。

"现在可以了吧？！"女孩有点不耐烦地说道。

"我还有最后一个要求，你把我的安全帽摘下，它让我感到难受，然后你自己戴上它，好吗？"女孩照着做了。

……

第二天当地晚报刊出一则报道：昨天夜晚，因摩托车刹车失灵发生一起车祸。摩托车上两人一死一伤……

原来，摩托车在高速行驶时刹车突然失灵了，男孩担心女孩害怕，没有告诉她，并巧妙地将安全帽给了女孩。当时，这是男孩能够保护女孩的唯一办法。男孩让女孩对他说"我爱你"，还让她拥抱一下自己，这是他们最后一次爱的见证。

超越生死的爱的谎言，给我们演示了一个神话般的爱情故事。

他和她相识在一个宴会上，那时的她年轻美丽，身边有很多追求者，而他却是一个很普通的人。因此，当宴会结束，他邀请她一块儿去喝咖啡的时候，她很吃惊，然而，出于礼貌，她还是答应了。

坐在咖啡馆里，两个人之间的气氛很尴尬，没有什么话题。她只想尽快结束这次谈话，好离他而去。但是当服务小姐把咖啡端上来的时候，他却突然说："麻烦你拿点盐过来，我喝咖啡习惯放点盐。"当时，她愣住了，小姐也愣住了。大家的目光都集中到了他身上，弄得他很不好意思，脸都红了。

小姐把盐拿过来了，他放了点进去，慢慢地喝着。她是好奇心很重的女子，于是很好奇地问他："你为什么要在咖啡里加盐呢？"他沉默了一会儿，很慢、几乎是一字一顿地说："小时候，我家住在海边，我老是在海里泡着，海浪打过来，海水涌进嘴里，又苦又咸。现在，很久没回家了，咖啡里加盐，就算是想家的一种表现吧。"

她一下子就被打动了。这是她第一次听到男人在她面前说想家。她认为，想家的男人必定是顾家的男人，而顾家的男人必定是爱家的男人。她忽然有一种倾诉的欲望，跟他说起了她远在千里之外的故乡，冷冰冰的气氛渐渐变得融洽起来，两个人聊了很久，并且，她没有拒绝他送她回家。

再以后，两个人开始频繁约会，她发现他实际上是一个很优秀的男人——大度、细心、体贴，符合她所欣赏的男人应该具有的特质。她暗自庆幸，如果当时不是出于礼节，一定就和他擦肩而过了。她带他去遍了城里的每家咖啡馆，每次都是她说："请拿些盐来好吗？我的朋友喜欢咖啡里加盐。"再后来，就像童话书里所写的一样："王子和公主结婚了，从此过着幸福的生活。"他们确实过得很幸福，而且一过就是 40 多年，直到他前不久得病去世。

故事似乎要结束了，如果没有那封信的话。

那封信是他临终前写的，写给她的："原谅我一直都欺骗了你，还记得第一次请你喝咖啡吗？当时气氛差极了，我很难受，也很紧张，不知怎么会突发奇想，竟然要小姐拿些盐来，其实我喝咖啡从来不加盐的，当时既然说出来了，只好将错就错了。没想到竟然引起了你的好奇心，这一下，让我喝了半辈子的加盐咖啡。有好多次，我都想告诉你，可我怕你会生气，更怕你会因此离开我。

现在我终于不怕了，因为我就要死了，会得到原谅的，对不对？今生得到你是我最大的幸福，如果有来生，我还希望能娶你，只是，我可不想再喝加盐的咖啡了，咖啡里加盐，你不知道，那味道，有多难喝。咖啡里加盐，我当时是怎么想出来的啊！"信的内容让她吃惊，她再一次被打动了。她在他耳边轻语道："我是多么高兴啊，你为了我，能够做到一生一世的欺骗……"

因为爱，一辈子坚守一个谎言，又有几个人能做到呢？

平淡生活里，我们同样需要爱的谎言。比如女人生了孩子之后问老公："我是不是不如从前漂亮了？"爱她的他一定会忙着否定，于是沾沾自喜的新妈妈又满怀信心地开始了新的生活。

爱情与婚姻中，我们有时需要一点谎言，这个谎言不是为了欺骗和伤害对方，而是因为爱，不舍得对方伤心难过。让爱的谎言仍然长存于恋爱中的和已经恋爱过了的人们当中吧，愿天下有情人的谎言都是美丽和善意的。

婚姻需要陪伴与分享

这是一个在外人看来无比幸福的家庭。妻子勤劳贤惠，相夫教子，家里家外不让丈夫操一点心；丈夫虽然身在商海且小有成就，却没有像有些暴发户老板那样灯红酒绿，他不酗酒、不抽烟，从不在外过夜。女人是个一心为家的好妻子和好母亲，男人是个负责任的好丈夫和好父亲。这样的家庭应该是无可挑剔了。

可是，两个人都觉得生活中好像缺少了点什么，他们时常为一点小事产生摩擦，互相抱怨对方不理解自己、不关心自己的所想所需。可是，谁也不知道怎么改变这种状况。妻子努力将饭菜做得更香，将丈夫的衣服洗得更干净、熨得更板正；丈夫也不断为妻子买漂亮的衣服和高档化妆品。可是，两人之间不冷不热的关系并没有得到改善，看似美满的婚姻并没有让他们感到快乐。

直到有一天晚饭后，妻子和往常一样开始擦地板，丈夫陪着儿子翻看旧相册，看到恋爱时他们俩四处旅游时拍的照片，丈夫对妻子说："老婆，你也来陪我们看照片吧！"妻子想说"我地板还没擦完呢，别烦我"，因为以往她经常这么说。可这次，话到嘴边突然停住了，因为她忽然意识到，他们婚后已经很久没有一起做一件事了。她马上扔掉抹布，挤到丈夫身边，三个脑袋凑在一起看着以前的照片，不时发出欢快的笑声。

从那以后，丈夫和妻子在劳累一天后，经常在傍晚一起带着儿子散步，或者一起听听音乐，互相说说心里话，他们开始彼此依赖、彼此需要、彼此安慰，他们慢慢体会到了家庭的温馨和幸福。

婚姻的基础是感情，载体是家庭，实质是陪伴。一对男女，由陌生到熟悉，由路人到亲人，由爱情到亲情，靠的就是相伴，在相伴中相知，在相偕中相爱，在相偎中相知。电影《相伴永远》讲述的虽然是李富春和蔡畅感人至深的革命爱情故事，但说出了爱情和婚姻的真谛：爱，需要陪伴。

许多人在描绘爱情晚景时都会不约而同地叙述这么一个场景：在秋天的黄昏（或春天的清晨），一对白发苍苍的老人，互相搀扶着，漫步在一片如火的枫林下（或如茵的草地上）。他们幸福的背影，成为人们描绘爱情的经典画卷。而那一句"我能想到最浪漫的事，就是和你一起慢慢变老"，更使无数的歌者与听者动心。

陪伴的真谛就是相濡以沫，相亲相爱，白头偕老。

爱需要海誓山盟，也需要花前月下；爱需要轰轰烈烈，也常有死去活来……但爱的根本却是在每一天、每一夜的思念中，在每一声、每一句的关怀里，在每一分、每一秒的陪伴下。

过日子的女人，需要爱人的陪伴。当她困惑时，有人为她分忧解愁；当她高兴时，有人与她分享快乐欣喜；当她孤独害怕甚至痛苦失落时，有人来给她依靠安慰……这是女人对于婚姻最大的祈盼。

　　过日子的男人同样需要爱人的陪伴。在他失意时，有人轻轻地依偎在他身边，用女性独有的温情与细腻抚平他沧桑和疲倦的心，给他柔情万种；在他病痛时，有人如母亲般守在他的身边关心照料，给他体贴万千；在他饿了、困了回家时，有人为他盛上一碗热汤，开着灯依在床头为他守候……这是男人对家的祈盼。

 人生箴言

　　记住，在婚姻中，你的另一半永远需要你的陪伴和分享，没有什么琐事比陪伴自己的另一半更重要。

"享受"唠叨

妻子正在厨房炒菜，丈夫在她旁边一直唠叨不停："慢些。小心！火太大了。赶快把鱼翻过来。快铲起来，油放太多了！把豆腐整平一下。哎哟，锅子歪了！"

"你话真多！"妻子脱口而出，"我懂得怎样炒菜！"

"你当然懂，太太，"丈夫平静地答道，"我只是要让你知道，我在开车时，你在旁边喋喋不休，我的感觉如何。"

唠叨，似乎是许多丈夫为之头疼的事。爱唠叨，这也许是女人的天性。唠叨就像一剂麻醉药，使本来新鲜生动的生活变得昏昏沉沉。在日常生活中，矛盾总是存在的，婚姻生活也一样，夫妻之间难免会发生争吵。心理健全的人可以承担一般的争执而不会产生情感的裂缝。但是一刻不停的、毫不放松的长期唠叨所产生的压力，常常会拖垮人的进取心。

有一个干推销员工作的男人，很喜欢自己的工作，每天满腔热忧地四处奔波。由于市场竞争十分激烈，他非常希望得到妻子的安慰和鼓励，以此来保持旺盛的斗志。可是他的妻子却一直轻视和取笑他，而且总拿他和别人比："为什么你赚不到更多的钱？为什么你得不到一个好职位？你瞧，那谁又升迁了，而你还是一个小职员……"就像不停滴落的水珠将会侵蚀掉一块石头一样，在妻子不停的嘲笑与指责下，他的斗志消失得无影无踪。他开始对自己的工作感到厌烦，最后，他丢掉了自己曾经喜欢的工作，也和妻子离了婚。妻子并不知道为什么会失去丈夫，更不明白正是由于她的唠叨，让一切都蒙上了一层灰色。她原以为轻视和取笑丈夫会促使他走向成功，其实不然，她完全摧毁了一个男人的自信心。

女人似乎不相信男人会害怕妻子的唠叨。她们有时甚至认为，唠叨是对丈夫的关心。但从古至今，这种方法极少起到积极的效果，倒是反面的例证比比皆是。"用甜的东西抓苍蝇，要比用酸的东西有效多了。"老祖母运用她的生活经验告诫我们。这句话的意思是，妻子的唠叨是套不住丈夫的，那样做，只会破坏他的精神，毁灭自己的幸福。桃乐丝·狄克斯曾说过："一个男人在婚姻生活中能不能得到幸福，他太太的脾气和性情，比任何事情都更加重要。她可能拥有全天下的每一种美德，但如果她脾气暴躁、唠叨、挑剔，那么她所有其他美德便都等于零了。"

所以事情都不是孤立的，而是相对的。面对妻子的唠叨，丈夫也不妨想想，自己是否对妻子给予了足够的理解和关心。当妻子下班后急匆匆到幼儿园接孩子，然后到菜市场买菜时；当妻子一手牵着孩子，一手拎着沉重的菜篮子，拖着疲惫的身心走进家门时，你在干吗呢？是不是正悠闲地坐在沙发上翻看一大堆报纸？这怎能不让妻子满腹委屈、心怀抱怨呢？当妻子收拾干净厨房，一边洗一大堆脏衣服，一边辅导孩子做作业时，你却正在关注电视上的足球比赛，没有伸出一双温情的手去帮帮她，她怎能不唠叨？为了这个家，妻子的心都操碎了，你却漠然视之，连一句温暖体贴的话都没有，她怎能不唠叨？

　　可以这样打个比方，妻子是变量，丈夫是常数，家庭则是婚姻的函数。唠叨作为婚姻默认的一种方式，变量只要不超出适度的范围，这个婚姻的基础就是牢固的。

 人生箴言

　　夫妻之间也要互相理解、互相体谅，多站在对方的角度和立场看问题，让唠叨成为婚姻生活中美丽的乐章。

真爱面前不讲输赢

电视剧《逼子成龙》讲的是这样一个故事：一对原本感情不错的夫妻，在孩子教育问题上发生分歧，经常吵架。两人的朋友分别给他们出主意，要他（她）拿出狠招来——"一烙铁烫平他（她）"。结果两人都想"一烙铁烫平"对方，谁也不肯先低头，事态愈演愈烈，最后谁也下不来台，真的离婚了。这个结果让两人的朋友都大吃一惊。

故事很贴近现实，看了让人不禁会心一笑。尤婷在恋爱时，姐姐就曾告诫她，要让男朋友学会做饭，要让他上交工资，要让他……现在由着他，不"烫平"他，结婚后就晚了。一女友更是现身说法，得意地告诉尤婷她让老公服服帖帖的秘诀，她说只要老公"不听话"，她立马就会犯心脏病。尤婷疑惑地问她："怎么这么多年，我不知道你有心脏病呢？"女友哈哈大笑说："你笨呀，那是制服他的手腕，你想啊，我有心脏病，他敢不听我的吗？"尤婷还是想不明白，难道不怕阴谋被他识破？女友不在乎地说："没事，等他识破了，估计也习惯'妻管炎'啦。"

尤婷想，姐姐的告诫，女友的阴谋，都并非恶意，目的不过是想维持婚姻的稳定和长久。只是，尤婷怀疑这样做的效果。夫妻本是平等的，为什么非要谁"烫平"谁呢？如果他愿意假装让你"烫平"，那也是因为他爱你，爱这个家。如果没有爱，谁又能"烫平"谁呢？

夫妻过日子，难免会吵架。吵架不可怕，可怕的是一定要吵个是非分明出来，无理搅三分，或者得理不饶人，一定要占了上风才肯罢休。尤婷的一个离了婚的同学告诉她说："该吵的我们都吵了。吵到了无话可说的地步，真的是山穷水尽、无路可退了，但谁也没有'烫平'谁，只好硬着头皮往前走——离婚。"尤婷从中得出了自己的结论——真爱面前不讲输赢，也没有输赢。

不过也有不少夫妻吵了一辈子架，家庭却没有解体。他们一开始也是真吵，后来发现吵架根本解决不了问题，就聪明起来了，吵架反倒成了婚姻的调节剂。这种吵架不是为了分出高下，只是在告诉对方：我在乎你，所以才跟你吵。结果是总有一个人率先认错赔罪，给对方一个下台的梯子，另一方则见好就收，顺梯子而下。刚才还听见河东狮吼呢，转眼间两人亲热地牵着手出了家门。

有一对夫妻，两个人平日相处融洽，恩恩爱爱，可一旦吵起架来谁都不让步，而且还有个不言而喻的默契：吵架后谁也不先找谁说第一句话，谁先说话就意味着谁输，有理也算输。

一天晚上，夫妻俩已上床就寝。不知怎么，两人为家庭某件琐事吵嘴。吵到厉害时，妻子气呼呼地踹丈夫一脚说："滚，滚到沙发上去睡！"半夜，风雨大作，天气骤凉。妻子再也无法入睡，她暗暗心疼丈夫了。睡在沙发上什么也不盖还不冻坏了？妻子抱起一床毛毯走到外屋一把推醒丈夫。自己也不说一句话，把毛毯往桌子上一放就回了屋。第二天早晨，妻子进屋一看，丈夫还躺在沙发上呼呼大睡。毯子原封不动地放在桌子上。妻子火冒三丈，拧住丈夫的耳朵，骂道："困死了困死了，干吗不盖毯子？"丈夫被拧得嗷嗷乱叫，还嬉皮笑脸地说："嘿嘿，毯子是我刚放上去的。"妻子忍不住笑了起来："你还会耍花招？"

丈夫说："我……就是想听你说出第一句话来。"妻子听了，嗔怪地捶丈夫一拳，开心地笑了。

 人生箴言

有一部电视剧的台词说得好："家，不是讲理的地方，是讲爱的地方。"因此，婚姻要长久，就不要争高下、论输赢。

一个拥抱就够了

李·夏普洛是个已经退休的美国法官，他天生极富爱心。终其一生，他总是以爱为前提，因为他明白爱是最伟大的力量。因此他总是拥抱别人，甚至在他所坐的汽车的保险杠上都写着："别烦我！拥抱我！"他的大学同学干脆给他取了个"抱抱法官"的绰号。

大约6年前，他发明了所谓的"拥抱装备"。这个装备外面写着："一颗心换一个拥抱。"里面有30枚可粘贴的刺绣小红心。他常带着"拥抱装备"到人群中，实践他"给一个红心，换一个拥抱"的理论。

李·夏普洛因此而名声大噪，于是有许多人邀请他到相关的会议或大会演讲。他抓住一切机会向人们灌输"无条件的爱"这一概念。一次，在洛杉矶的会议中，地方小报向他挑战："拥抱参加会议的人，当然很容易，因为他们是自己选择参加的，但这个理念在真实生活中是行不通的。"他们问李·夏普洛是否能在洛杉矶街头拥抱路人。李·夏普洛毫不犹豫地说："你们瞧着吧。"

　　于是，大批电视工作人员尾随他到街头进行随机采访。首先李·夏普洛向经过的妇女打招呼："嗨！我是李·夏普洛，大家叫我'抱抱法官'。我是否可以用一个爱心和你换一个拥抱？"妇女欣然同意，地方新闻的评论员觉得这样还是太简单了。李·夏普洛发现不远处有一个女交通警察，她正在给一辆宝马车的车主开罚单。李·夏普洛从容不迫地走上前去，所有的摄影机紧紧跟在后面。他上前对交通女警说："你看起来像需要一个拥抱，我是'抱抱法官'，可以免费奉送你一个拥抱。"那个女警接受了。

　　这时电视时事评论员出了最后的难题："看，那边来了一辆公共汽车。众所皆知，洛杉矶的公共汽车司机最难缠，爱发牢骚，脾气又坏。让我们看看你能从司机身上得到拥抱吗？"李·夏普洛接受了这项挑战。

　　当公共汽车停靠到路旁时，李·夏普洛跟车上的司机攀谈："嗨！我是李法官，人家叫我'抱抱法官'。开车是一项压力很大的工作哦！我今天想拥抱一些人，好让人能卸下重担，再继续工作。你需不需要一个拥抱呢？"那位身高2米出头、体重230磅的公车司机离开座位，走下车子，高兴地说："好啊！"

　　李·夏普洛拥抱他，还给了他一颗红心，司机一脸满足的样子，客气地说了"再见"才开车离开。采访的工作人员，个个无言以对。最后，那位评论员不得不承认，他输了。

　　一天，李·夏普洛的朋友南希来拜访他。她是个职业小丑，身着小丑服装，画着小丑的脸谱。她邀请李·夏普洛带着"拥抱装备"，和她一起去残疾之家，探望那里的朋友。

　　他们到达残疾之家之后，便开始分发气球、帽子、红心并且拥抱那里的病人。李·夏普洛心里觉得很难过，因为他从没拥抱过临终病人、严重智障和四肢麻痹的人。刚开始拥抱的时候，李·夏普洛和南希都有点不适应，很勉强，但在医师和护士的鼓励之下，过了一会儿他们就很自如了。

数小时之后，他们终于来到了最后一个病房。在那里，李·夏普洛看到他这辈子所见过的情况最糟的34个病人，面对人生的磨难，他的心情十分复杂。可是，他们的任务是要将爱心分出去，点亮病人心中的灯火，必须打起精神来面对眼前的一切。此时，整个房间里满是医护人员鼓舞和期待的目光。

李·夏普洛和南希的领口贴满了小红心，头上戴着可爱的气球帽。他们来到最后一个病人李奥面前。李奥穿着一件白色围兜，神情呆滞地流着口水。李·夏普洛看他流着口水，对南希说："他就算了吧！"南希回答道："可是，他也是我们的一分子啊！"接着她将滑稽的气球帽放在李奥头上。李·夏普洛随即贴了一张小红心在围兜上。他深呼吸一下，弯下腰抱住了李奥。

突然间，李奥发出了"嘻嘻"的笑声，其他病人也开始把房间弄得叮当作响。李·夏普洛回过头想问医护人员这是怎么一回事时，却见所有的医师、护士都喜极而泣。李·夏普洛只好问护士长发生什么事了。

李·夏普洛永远不会忘记她的回答。护士长说："23年来，我们头一次看到李奥笑了。"

 人生箴言

让别人的生命有一点不同、有一点亮光是何等简单啊！也许只需要一个拥抱！

我是重要的

有一位老师用一种特殊的方式教育她的学生，她常常告诉学生他们是如何重要，以此来表达对他们的赞许。

她采用的具体做法是将学生逐一叫到讲台上，然后告诉大家这位同学对整个班级和对她的重要性，再给每人一条蓝色缎带，上面以金色的字写着："我是重要的。"

之后，这位老师想通过学生把她的计划推广出去，看看这样的行动对一个社区会造成什么样的冲击。她给每个学生 3 条缎带和别针，教他们出去给别人相同的感谢仪式，然后观察所产生的结果，一个星期后回到班级报告。

班上一个男孩子到邻近的公司去找一位年轻的主管，因他曾经指导自己完成生活规划。那个男孩子将一条蓝色缎带别在他的衬衫上，并且多给了两个别针，接着解释："我们正在进行一项调查，就是把蓝色缎带送给自己想要感谢的人，同时再给你们多余的别针，让感谢仪式推广下去。下次请告诉我，这么做产生的结果。"

过了几天，这位年轻主管去看他的老板。从某个角度而言，他的老板是个易怒、不易相处的领导兼同事，但极富才华，他表示十分仰慕老板的创作天分，老板听了十分惊讶。这个年轻主管接着要求老板接受蓝色缎带，并请他允许自己帮他别上。一脸吃惊的老板爽快地答应了。年轻主管将缎带别在老板外套上，心脏正上方的位置，并将所剩的别针送给他，然后问他："您是否能帮我个忙？把这条缎带也送给您所要感谢的人。这是一个男孩子送我的，他正在进行一项研究，想让这个感谢仪式延续下去，看看对大家会产生什么样的效果。"

那天晚上，那位老板回到家中，坐在 14 岁儿子的身旁，告诉他："今天发生了一件不可思议的事。在办公室的时候，有一个年轻的同事告诉我，他十分仰慕我的创作天分，还送我一条蓝色缎带。想想看，他认为我的创作天分如此值得尊敬，甚至将印有'我很重要'的缎带别在我的夹克上，还多送我一个别针，让我把它送给自己要感谢的人。今晚开车回家时，我就开始思索要把别针送给谁呢？我想到了你，你就是我要感谢的人。

"这些日子以来，我忙于工作，没有花精力来照顾你、陪伴你，我真是感到惭愧。有时我会因你的学习成绩不够好、房间太脏乱而对你大吼大叫。但今晚，我只想坐在这儿，让你知道你对我有多重要，除了你妈妈之外，你是我一生中最重要的人。好孩子，我爱你。"

他的儿子听了十分惊讶，他开始呜咽，最后哭得无法自制，身体一直颤抖。他看着父亲，泪流满面地说："爸，我原本计划明天要自杀，我以为你根本不爱我，现在我想那已经没有必要了！"

每个人活在世界上，总要和他人进行交往，总希望得到别人的重视和肯定。在从别人的重视中，我们能获得强大的精神动力。

一位心理学家曾做过这样一个短期试验：他将他的学生分成三组，接着他经常对第一组的成员表示赞赏和鼓励，对第二组却采取了一种不管不问、放任自流的态度，而对第三组则不断给予批评。试验的结果表明，经常被赞扬和鼓励的第一组成员进步最快，总是挨批评的第三组也有些许的进步，而被漠视的第二组却几乎仍然在原地踏步。

有一句格言说："轻视他人的结果，往往是别人对你的轻视。"同样，重视他人的结果，则往往是别人对你的重视。

1754 年，已是上校的华盛顿率领部下驻防亚历山大市。当时正值弗吉尼亚州议会选举议员。有一位名叫威廉·佩恩的人反对华盛顿支持的一个候选人。有一次，华盛顿就选举问题与佩恩展开了一些激烈的争论，争论中说出一些极不入耳的话。佩恩火冒三丈，出拳将华盛顿击倒在地。可是，当华盛顿的战士急忙赶来欲为长官报仇时，他却阻止了他们，并说服大家平静地退回了营地。翌晨，华盛顿托人带给佩恩一张便条，请他尽快到当地一家酒馆会面。佩恩来到酒店，料想必有一场恶斗。但令他意外的是，他看到的不是手枪，而是酒杯。华盛顿站起身来，笑容可掬地伸出手来迎接他。"佩恩先生，"他说，"人谁能无过，知错而改方为俊杰。昨天确实是我不对。你已采取行动挽回了面子，如果你觉得那已足够，那么，就请握住我的手吧，让我们来做朋友吧。"这件事就这样皆大欢喜地和解了。从此以后，佩恩成了华盛顿忠心的崇拜者。

人生箴言

尊敬别人的人，同样会受到别人的尊敬；重视他人的人，同样会受到别人的重视。正像站在镜子前面一样，你怒他也怒，你笑他也笑。

施比受更幸福

圣诞节时，保罗的哥哥送他一辆新车。圣诞节当天，保罗离开办公室时，一个男孩绕着那辆闪闪发亮的新车，十分赞叹地问："先生，这是你的车？"

保罗点点头："这是我哥哥送给我的圣诞节礼物。"

男孩满脸惊讶，支支吾吾地说："你是说这是你哥哥送的礼物，没花你半毛钱？我也好希望能……"

保罗以为他是希望能有个送他车子的哥哥，但那男孩却说："我希望自己能成为送车给弟弟的哥哥。"

保罗惊愕地看着那男孩，出于真心地邀请他："要不要坐我的车去兜兜风？"

男孩兴高采烈地坐上车，车子开了段路之后，那孩子眼中充满兴奋地说："先生，你能不能把车子开到我家门前？"

保罗微笑着心想，男孩一定是想向邻居炫耀，让大家知道他坐了一部大车子回家。没想到保罗这次又猜错了。

"你能不能把车子停在那两个阶梯前？"男孩要求道。

男孩下车，跑上了阶梯，过了一会儿保罗听到他回来的声音，但动作似乎有些缓慢。原来他是背着瘫痪的弟弟出来的，他将弟弟安置在台阶上，紧紧地抱着他，指着那辆新车。

男孩告诉弟弟说："你看，这就是我刚才在楼上告诉你的那辆新车。这是保罗他哥哥送给他的哦！将来我也会送给你一辆像这样的车，到那时候你就能去看那些挂在窗口的漂亮的圣诞节饰品了。"

保罗赶忙走下车子，将瘫痪男孩抱到车子的前座。满眼闪着泪光的大男孩也爬上车子，坐在弟弟的旁边。就这样他们三人开始了一次令人难忘的假日兜风。

在这个圣诞平安夜，保罗真正体会到了"施比受更有福"的道理。

佛家也有句类似的古语——"施比受更幸福"。这里所讲的"施"不只是一种肤浅的给予，而是一种不求回报的付出，是人与人之间心灵的交汇，如同旱季里的一场雨、漫漫沙漠中的一口井、皑皑雪原上的一把火，让人备感温暖与及时。而施予者在付出的同时，也将会充分实现自身的价值，从而获得精神层面的最大快乐。只懂得爱自己，只会"受"的人，必会像一潭死水那样毫无生气；而懂得"施"的人，就会像运河一样，始终生机勃勃。

懂得关爱别人的人就会受到别人的尊敬。一位加拿大科学家在做实验时，不小心使两块铀移动了，并且相互冲了过去。如果这两块铀相接触，其威力不亚于一颗小型原子弹的爆炸。就在这危急时刻，科学家奋不顾身，用自己的双手硬是把这两块铀掰开了。一次危机化解了，可这位科学家因受到严重辐射而不幸以身殉职。政府为了表彰其伟大的精神，颁给了他"用手分开原子弹的人"的称号。他因此赢得了人们对他永恒的敬佩和赞叹。如果没有伟大的、无私的爱心，无论如何也做不出这个举动。

当然，关爱别人并不一定非要做出轰轰烈烈的事不可。在我们身边就有许多关爱别人的表现：公交车上礼貌让座，楼梯上垃圾随手捡起，帮助朋友度过难关，关爱家人……

 人生箴言

送人玫瑰，手有余香。当你施与时，你同时也是个快乐的受益人。多为别人考虑一点，他人的快乐我们也可以分享。

大声说出你的爱

一位管理专家受邀前往某地，发表有关高效率管理的演讲。抵达当晚，主办单位的几个人请他吃饭，大家聊起了明天演讲的事情。

阿龙显然是这几个人的头儿，他块头很大，声音十分低沉。阿龙告诉专家，他是这家国际企业总公司的部门经理，主要职责是处理分公司一些较为棘手的人事问题，终止一些高级主管的聘用。

他自信地说："我十分期待您明天的演讲，因为公司管理人员在聆听您的高见后，就会知道我的管理方式是正确的。"

专家微笑不语，因为他知道明天的情况绝对与阿龙想象的不大一样。

第二天，阿龙表情木然地听完全场演讲，然后一言不发地离开会场。

三年后，专家重返旧地，向曾经听过他演讲的听众发表另一篇有关管理的演讲，阿龙又一次来听演讲。就在演讲即将开始前，他突然站起来，请求说几句话。得到允许后，阿龙说：

"在座的各位都认识我，其中有些人还知道我近年来的改变，今天我想把亲身的体验与各位分享。

三年前我在这里听过一场演讲，演讲者有一个观点是：若想培养坚韧的意志，首先就该学习向身旁最亲近的人说声'我爱你'。起初我颇不以为然，心想这种肉麻兮兮的话和意志坚韧能扯上什么关系？但专家说坚韧与坚硬不同，坚韧如同皮革，坚硬则像花岗岩，而一个意志坚韧的人应该思想开通、不屈不挠、行为自律、做事灵活，这些话我赞同，但这与爱有什么关系呢？

那晚，我和太太两人坐在客厅的两端，头脑中仍想着专家的话。霎时我发现自己竟鼓不起勇气向太太表示爱意，我好几次清了清喉咙，但话到了嘴边，只含糊地发了些声音，其余的又吞了回去。我太太抬起了头，问我刚才嘟哝什么，我若无其事地回答说没事。突然间，我起身走向她，紧张地将她手上的报纸拿开，然后说：'老婆，我爱你。'她好一阵子说不出话来，泪水涌上她的眼眶，这时她轻声地说：'老公，我也爱你，这是你25年来第一次开口说爱我。'

我们当时感慨万千，体会到了爱的力量，它能化解一切纷争和摩擦。突然间，我像是受到鼓舞一般，立刻拨了电话给在纽约的大儿子，我们已经许久没有联络了。我一听到他的声音便脱口而出：'儿子，也许你以为我喝醉了，但我现在很清醒。我打电话来只是想告诉你我爱你。'

儿子在话筒那端沉默了片刻，然后语气平静地说：'爸，我知道你爱我，真高兴能听到你亲口告诉我，我也要对你说我爱你。'

我们开始拉家常，十分愉快。接着我又打电话给在旧金山的小儿子，告诉他同样的话，结果我们父子畅谈许久，那种温馨的感觉

遇见勇敢超越的自己

我从未有过。

那晚我躺在床上沉思，终于领悟了专家所说的那番话有更深一层的意义：如果我能真正了解以爱待人的含义，而且身体力行，我的管理就有了明确的方向。

我开始阅读相关题材的书籍，从中吸取宝贵的经验，体会这套哲学运用到生活和工作中的意义。后来，我彻底改变了与人共事的方式。我开始仔细倾听他人的想法；我学会多欣赏他人的长处，少计较他人的短处；我体会到帮助别人建立信心的那种快乐。然而最重要的是，我现在了解、尊敬他人的最佳方法，便是鼓励他们发挥自己的能力，来达到大家共同努力的目的。专家先生，借着今天这个机会，我要说声谢谢你。我的话说完了。"

在大家报以热烈的掌声以后，专家说："我顺便告诉大家，阿龙刚刚被任命为总公司的副董事长，他刚才的一番话就是最生动的演讲！"

 人生箴言

只要心中有爱，只要以爱心待人，没有什么问题不能解决。说出你的爱，是和亲人、朋友、同事沟通的最佳方式。

邂逅留下的回味

由于失恋的沉重打击，尼娜渐渐对爱情失去了热情，她甚至决定终身不嫁了，打算一个人活在这个世界上，不再和任何男人有感情上的瓜葛。

假期之后，尼娜回巴黎去。到车站的时候，火车上已坐满了旅客。尼娜在各节车厢里都寻找遍了，想找一个座位，但找来找去，只在最末一节车厢里，有一个空座，并且上面还放了两个鸡鸭篮子，里面的鸡鸭不停地伸出头在窥探。尼娜迟疑了半天，才决定进去。尼娜正想在这熙攘的旅客中寻找这篮子的主人，有一个穿农夫衣服的人对尼娜说："小姐，请等一会儿，我这就把那两个篮子拿下来。"

尼娜于是便把放在他膝上的果篮拿下来，他这才立起身来，将鸡鸭篮移在座位底下。鸭子很不愿意，尼娜由它们的叫声中可以知道，鸡低下它们的头，好像被侮辱了似的。农夫的妻子，叫着它们的名字，和它们谈话。

当尼娜坐下来的时候，鸭子也安静了。坐在尼娜对面的一位旅客，问农夫的鸡鸭是否带到市场上去卖。

"先生，不是的。"农夫这样回答，"我带给儿子的，后天他就要结婚了。"

他容光焕发，四下看着，很像要人人都知道他现在是非常幸福的人似的。

火车开动了。农夫又和那个旅客攀谈起来："我的儿子在巴黎一家商店里做事，他将要和一个年轻女郎结婚，也是在商店里做事的。"

旅客静听了一会儿道："那个女郎很美丽吧？"

农夫说："也许吧。"

旅客说："真的吗？那么，倘若她是很丑，你们恐怕就不喜欢她了吧？"

农夫回答道："我们仍然喜欢她，因为我们最疼爱的孩子愿意娶一个貌丑的妻子。"

坐在尼娜旁边的农夫妻子接口道："还有，若是她能令我们的菲力喜欢，一定也能叫我们喜欢的。"

她转过来看着尼娜，在她的小圆脸上，温和的眼光，表示着笑容。从她的外表看去，尼娜绝不相信，她能有一个行将结婚的儿子。她问尼娜是否到巴黎去。当尼娜点头默认后，坐在尼娜对面的旅客又说起笑话来。

他说："我愿意打赌，这位青年女士（指尼娜）就是你儿子的未婚妻。她是秘密地来会她的公婆的，却不告诉你们她是谁。"

人们都望着尼娜，尼娜的脸不由得红起来。农夫和他的妻子一同说道："倘若这是真的，我们真欢喜极了！"

尼娜告诉他们那是不可能的。但是，那位旅客仍然不相信。他的理由是，尼娜上车的时候，窥探了两次，好像在找人似的，并且迟疑了半天，才决定进来。

别的旅客都笑了。尼娜极力解释，说那是因为寻觅座位的缘故。

农夫说："那也没有什么要紧，如果我们的媳妇真像你一样，那我们就幸福极了。"

那位旅客仍保持着他的戏谑态度，看了尼娜一眼，对农夫说："等到了巴黎时，一切就明白了。你的儿子将会对你说：'这就是我的未婚妻。'"

过了一会儿，农妇转过身来对着尼娜，在篮子里寻出一块饼来，对尼娜说，这是她那天早上亲自做的。尼娜没有什么理由可以推辞，只好推说身体有些不舒服，受了寒，将饼退还给她。她扔在篮里，却又给尼娜一串葡萄。尼娜无法推辞，只好接受了。当火车停了的时候，她丈夫要为尼娜弄热水喝，尼娜无法阻拦他，心里觉得十分不安。

火车到了巴黎车站的时候，尼娜帮助他们把篮子拿下去，并且给他们指路。尼娜看见一个青年奔过来，双手紧紧地搂抱住他们。尼娜赶紧躲开了，远离他们站着。他和他们不停地亲吻，亲了又亲。他们面含着笑容，一望便知他们心中是无限快乐的。行李的碰撞，挑夫们的呼喊，他们都置之不顾。

尼娜跟随他们到了车站门口。儿子一只手臂挎着一篮鸡，另一只手紧搂着他母亲的腰。他的眼睛含着愉快的笑容，和他父亲一样。

车站外面很暗，尼娜将大衣领子翻了起来，相隔数步跟在这对老夫妇后面。儿子出去看他的马车。农夫用手抚摸着那个花点大头鸡，对妻子说道："如果我们早知道她不是我们的媳妇，应当把这只花点鸡送给她。"

妻子也抚摸着鸡说："我也是真相信了那位先生的话啊。"她转向出站的人们看了一会，并且向远处也看了看。

儿子和马车来了，他扶着他父母进了车，他坐在一旁，仍然不住地看着他们。他看起来很强健和蔼。尼娜想，他的未婚妻，真是一个幸福的女子呢！

 人生箴言

真爱是永远存在的。有时候爱情让我们失望，但这不是我们放弃它的理由。

用爱化解仇恨

　　很久以前，有一位年老的国王，他决定不久后就将王位传给三个儿子中的一个。一天，国王把三个儿子叫到跟前说："我老了，决定把王位传给你们三兄弟中的一个，但你们三个都要到外面去游历一年。一年后回来告诉我，你们在这一年内所做过的最高尚的事情。只有那个真正做过高尚事情的人，才能继承我的王位。"

　　一年后，三个儿子回到了国王跟前，告诉国王自己这一年来在外面的收获。

　　大儿子先说："我在游历期间，曾经遇到一个陌生人，他十分信任我，托我把他的一袋金币交给他住在另一个镇上的儿子，当我游历到那个镇上时，我把金币原封不动地交给了他的儿子。"

　　国王说："你做得很对，但诚实是你做人应有的品德，不能称得上是高尚的事情。"

　　二儿子接着说："我旅行到一个村庄，刚好碰上一伙强盗打劫，我冲上去帮村民们赶走了强盗，保护了他们的财产。"

国王说："你做得很好，但救人是你的责任，同样称不上是高尚的事情。"

三儿子迟疑地说："我有一个仇人，他千方百计地想陷害我，有好几次，我差点就死在他的手上。在我的旅行中，有一个夜晚，我独自骑马走在悬崖边，发现我的仇人正睡在一棵大树下，我只要轻轻地一推，他就掉下悬崖摔死了。但我没有这样做，而是叫醒了他，告诉他睡在这里很危险，并劝告他继续赶路。后来，当我下马准备过一条河时，一只老虎突然从旁边的树林里蹿出来，扑向我，正在我绝望时，我的仇人从后面赶过来，他一刀就结果了老虎的命。我问他为什么要救我的命，他说：'是你救我在先，你的仁爱化解了我的仇恨。'这……这实在是不算做了什么大事。"

"不，孩子，能帮助自己的仇人，是一件高尚而神圣的事，"国王严肃地说，"来，孩子，你做了一件高尚的事，从今天起，我就把王位传给你。"

佛经上说："仇恨永不能化解仇恨，只有仁爱可以化解仇恨。"这是永恒的真理。

前苏联著名作家叶夫图申科在《提前撰写的自传》中，讲过一则十分感人的故事：1944 年的冬天，饱受战争创伤的莫斯科异常寒冷，两万名德国战俘排成纵队，从莫斯科大街上依次穿过。尽管天空中飘着大团大团的雪花，但所有的马路两边，依然挤满了围观的人群。大批苏军士兵和治安警察，在战俘和围观者之间，划出了一道警戒线，用以防止德军战俘遭到围观群众愤怒的袭击。这些老少不等的围观者大部分是来自莫斯科及其周围乡村的妇女。她们的眼中充满了仇恨的火焰，因为在抗击德军的卫国战争中，她们失去了自己最亲的人——或是父亲，或是丈夫，或是兄弟，或是儿子。她们都是战争最直接的受害者。

当大队的德军俘虏出现在妇女们的眼前时，她们全都将双手攥成了愤怒的拳头。要不是有苏军士兵和警察在前面竭力阻拦，她们一定会不顾一切地冲上前去，把这些杀害自己亲人的刽子手撕成碎片。俘虏们都低垂着头，胆战心惊地从围观群众的面前缓缓走过。突然，一位上了年纪、穿着破旧的妇女走出了围观的人群。她平静地来到一位警察面前，请求警察允许她走进警戒线去好好看看这些俘虏。警察看她满脸慈祥，没有什么恶意，便答应了她的请求。于是，她来到了俘虏身边，颤巍巍地从怀里掏出了一个印花布包。打开，里面是一块黢黑的面包。她不好意思地将这块黢黑的面包，硬塞到了一个疲惫不堪、拄着双拐艰难挪动的年轻俘虏的衣袋里。年轻俘虏怔怔地看着面前的这位妇女，刹那间泪流满面。他扔掉了双拐，"扑通"一声跪倒在地上，给面前这位善良的妇女，重重地磕了几个响头。其他战俘受到感染，也接二连三地跪了下来，拼命地向围观的妇女磕头。于是，整个人群中愤怒的气氛一下子改变了。妇女们都被眼前的一幕所深深感动，纷纷从四面八方涌向俘虏，把面包、香烟等东西塞给了这些曾经是敌人的战俘们。

叶夫图申科在故事的结尾写了这样一句令人深思的话："这位善良的妇女，刹那之间便用宽容化解了众人心中的仇恨，并把爱与和平播种进了所有人的心田。"

 人生箴言

不要长久地仇视他人，要懂得用宽容的心、用爱去看待仇视自己的人，爱能化解仇恨。这样的人才是高尚的人，才是一个大写的人。

有爱，就有成功和财富

一位妇人走到屋外，看见前院坐着三位长着又长又白胡须的老人。虽然她并不认识他们，但是依然十分友好地对他们说："我想也许我们并不熟悉，但是我想你们应该很饿了，请进来吃点东西吧。"

"家里的男主人在吗？"老人们问。

"不在"，妇人说，"他出去了。"

"那我们不能进去。"老人们回答说。

傍晚丈夫回到家里，妇人将事情的经过告诉了他。丈夫说："告诉他们我在家里了，请他们进来吧！"于是，妇人请三位老人进屋。

"我们不可以一起进一个房屋。"老人们说。

"为什么呢？"妇人感到迷惑不解。

其中一位老人指着他的一位朋友说："他的名字是财富。"然后又指着另外一位说："他是成功，而我是爱。"接着又补充说："你现在进去和你丈夫商量一下，要我们其中的哪一位到你们的家里。"

妇人进去告诉了丈夫。丈夫非常兴奋地说："那赶快邀请财富进来！"

妇人却表示不同的意见："亲爱的，为什么不邀请成功进来呢？"

他们的儿媳妇在屋内的另一个角落聆听他们谈话，提出自己的意见："我想应该先邀请爱进来。"

思考了一下，丈夫对妇人说："就照儿媳妇的意思吧！"于是，妇人来到屋外，问道："请问哪位是爱？"爱起身朝屋子走去。另外二人也跟着他一起进入屋内。

妇人惊讶地问财富和成功："我只邀请爱，怎么连你们也一道来了呢？"

老者齐声回答："如果你邀请的是财富或成功，另外二人都不可以进来，而你邀请爱的话，那么无论爱走到哪儿，我们都会跟随。"

如果没有爱，即便有万贯家财，也不会幸福。有个故事说，从前有个人，一直想发财暴富。他想拥有一屋子的金子。偶然的机会，他的愿望得到了满足，家里的一切都成了金子做的。他很兴奋，去拥抱妻子，结果妻子也成了金人，拥抱女儿，女儿也成了金人。看着妻子女儿却不能去亲近、去爱，这个人非常后悔，祈祷只要将妻子和女儿还原，他不再要金子了。于是一切又恢复了原样，他真正的幸福生活从此开始了，因为他懂得了爱比财富更重要。

 人生箴言

哪儿有爱，哪儿就有财富和成功。一个缺乏爱的人，是很难谈得上什么财富和成功的。

家和万事兴

一位老人不久将离开人世，他把三个儿子召唤到病榻前说："亲爱的孩子，你们试试能否把这捆箭折断，我还要给你们讲讲它们捆在一起的原因是什么。"

长子拿起那捆箭，使出了吃奶的力气也没折断，他说："把它交给力气大的人才行。"

老人把箭交给了老二。二儿子接着使劲折，也是白费力气。小儿子来试试也只是徒劳，一捆箭一根也没折断，还是老样子。

"没有力气的人，"父亲说，"你们瞧瞧，看看你们父亲的力气如何。"三个儿子以为父亲在说笑，都笑而不答，但他们都误解了。老人拆开这捆箭，毫不费劲地将它们一一折断。

"你们看，"他接着说，"这就是团结一致的力量。孩子们，你们要团结，用手足情意把你们拧成一股绳。这样，任何人、任何困难都打不垮你们。"这是他在患病期间说话说得最多的一次。三个儿子一个个都哭成了泪人，他们向父亲保证会照他的话去做。

说完后，老人就撒手归西了，满意地闭上了双眼。

三兄弟清理父亲的遗物时，发现父亲留下了一笔丰厚的财产，但留下的麻烦也不少，有个债主要扣押财产，另一个邻居又因为土地要和他们打官司。

开始时，三兄弟还能协商处理，问题很快解决了。然而这兄弟之情是如此短暂，虽有共同的血统，但各自的利益促使他们分离。欲望、嫉妒和法律问题困扰着三兄弟，他们争吵着分家，法官不得不在许多事情上对他们分别给予处罚。

债主和邻居重新翻案，一个说错判要重新起诉，另一个则由于前次诉讼不合手续又提出申诉。不团结的兄弟们内部分歧更大了，互相使坏，最后他们输掉了全部的家产。当想起捆在一起又被拆散的箭和父亲的教诲时，他们都后悔莫及。

家和万事兴，团结会产生强大的凝聚力和向心力。

生活中，常会遇到很多风雨，很多不如意。这时候，家人的支持显得更加可贵，可能需要实在的物质和金钱帮助，也可能需要的只是一点精神上的慰藉；但至少，此时不能有家庭的纷争、无聊的争执、无谓的推诿……

父母跟儿女之间有代沟，不同的年龄阶段造就不同的人生观，父母眼里对的可能到现在已经不适合，而现在儿女眼里对的事，可能冲破了父母的人伦道德底线，所以无法接受。在这时，并不是无端的、无尽的争吵能解决问题，而是需要坐下来慢慢地沟通，寻求共同点，找出分歧点，然后慢慢地协调，最终找一个折中的、让大家都可以接受的方法处理危机。父母拿出对子女无私的爱的胸怀再宽容一次，子女本着报答养育之恩的态度多体谅一些，事情就会在"退一步海阔天空"的境界下协调好。

人到成年，成家是大多数人的必然结果，打破了单身天马行空的生活，平白多一个人一起住、一起吃、一起睡，有很幸福的感觉，也有不习惯的地方。原本一人吃饱全家饱、飘到哪儿算哪儿、走到哪儿哪儿就是家，成家了，就多了一个牵挂的人，不论吃穿住行都得去关心。重要的是，来自不同成长环境的人，为人处世的方式都不相同，吃喝玩乐的习惯都不一样，恋爱时可能会隐藏彼此的短处，比较迁就对方，但到真的成家了，成了一家人，就会露出本性，所以有很多时候会有意见分歧，难以彼此适应，如果处理不当就易引起争吵。

夫妻相处就如一门艺术，不是靠一方的忍让和迁就就可以过日子，而是需要互相理解和体谅，同一灶台吃饭就得互相迁就和爱护。夫妻间有争执是正常的，但不必记恨，佛家说："百年修得共枕眠。"修了百年的修为啊，多不容易。

尊老爱幼是中华民族的传统美德，结婚是两个人的事，但双方的父母和以后自己的孩子都是息息相关的人，尊敬老人，赡养老人是天经地义的，没有父母哪来的你我？孩子幼小，爱护他（她）也是应该的，打骂不是好的家教，跟孩子也需要沟通。孩子是父母心头的宝，如果再婚也不可以因为什么事而对孩子有偏见，为人最需要的是宽容的心胸和善良的爱心，希望世界充满爱，而不是嫉妒和仇恨。

兄弟姐妹相处也一样，别因为一点得失而生怨恨，难得为一世人、为一家人，惜缘护缘；用爱心和宽容对待家人、对待世人，你开心，别人快乐，多好。

上贤有古训：家和万事兴。无论在什么国家、什么年代，这话是永远不会过时的。

 人生箴言

团结一致，力量无穷，没有不可克服的困难；家和才能万事兴，内讧就会走向衰败。

心里有什么，眼里就有什么

老人静静地坐在一个小镇郊外的马路边。

一个陌生人开车来到这个小镇，看到了老人，停下车打开车门，向老人问道："老先生，请问这个城镇叫什么名字？住在这里的人属于哪类人？我正在寻找新的居住地！"

老人抬头看了一眼陌生人，回答说："你能告诉我，你原来居住的那个小镇上的人是什么样的吗？"

陌生人说："他们都是一些毫无礼貌、自私自利的人。住在那里简直无法忍受，根本无快乐可言，这正是我想搬离那里的原因。"

听了这话后，老人说："先生，恐怕你又要失望了，这个镇上的人和你所说的完全一样。"陌生人悻悻地开车离开了。

过了一段时间，另外一个陌生人来到这个镇上，向老人提出了同样的问题："住在这里的是哪一种人呢？"

老人也用同样的问题来反问他："你现在居住的镇上的人怎

样？"

陌生人回答："哦！住在那里的人非常友好，非常善良。我和家人在那里度过了一段美好的时光，但是，我因为职业的原因不得不离开那里，希望能找到一个和以前一样好的小镇。"

老人说："你很幸运，年轻人，居住在这里的人都是跟你们那里完全一样的人，你将会喜欢他们，他们也会喜欢你的。"

常言道："眼睛是心灵的窗户。"你的心里有什么，你看到的就是什么。有一句话说得好：心若改变，你的态度就跟着改变；态度改变，你的习惯就跟着改变；习惯改变，你的性格就跟着改变；性格改变，你的人生就跟着改变。

宋代诗人苏东坡多才多艺，机敏风趣，喜好在作诗之余，学着禅僧的口吻与禅僧们切磋智慧。尽管苏东坡才华横溢、出口成章，常常感觉自己"赢"了，可往往事后才发现自己"输了一招"。

有一次，他来到金山寺，跟佛印禅僧一起坐禅。坐了约莫一个时辰，东坡身心通畅，内外舒泰，觉得自己的"禅功"已经入门了，便忍不住问佛印："禅师，你看我坐禅的样子如何？"

佛印瞧瞧东坡，点头赞道："好庄严，像一尊佛。"

苏东坡听后非常高兴。佛印随口也问东坡："学士，你看我的坐姿如何？"

苏东坡与佛印是过从甚密的老朋友，平时调侃惯了，总是不肯放过嘲弄禅师的机会，便揶揄道："像一堆牛粪。"

佛印听了，并不动气，只是付之一笑。

苏东坡自以为这次对话占了上风，碰到朋友便说他赢了佛印禅师。消息传到聪慧的苏小妹耳中，她却竖起指头，数落起苏东坡来："哥哥，你输了！禅师的心中有佛，所以他看你如佛。而你心中有

遇见勇敢超越的自己

粪，所以看禅师才像牛粪。"

苏东坡顿时哑口无言，猛然醒悟。

的确，如苏小妹所言，从表面看，应对敏捷、言辞机敏的苏东坡占了便宜，获得了赢家的快乐，但实际上他却输了——输在心态上。

 人生箴言

如果眼睛是太阳，那么看到的也是太阳。如果眼睛是黑暗，那么看到的也是黑暗。看待人生和社会，一定要有辩证的思维、科学的态度，不能追求完美无缺，不能求全责备。

第七篇　事业巅峰时的超越

唯有不满，才能不断进步

一天，南因先生家里来了一位客人，要向南因请教学问。南因先生抽空接待了他。

宾主落座之后，客人并没有向南因请教，自己却滔滔不绝地大谈起来。他谈自己的生活、工作乃至家庭，又谈到自己的事业和研究，一口气说了大半天，南因先生几次想插话都未能成功。

南因先生静静地听着，过了一会儿，他站起身来，走进厨房，端来了茶。他往客人的杯子里倒茶，虽然倒满了但是仍在继续倒，仿佛根本没有看见一样。

一旁高谈阔论的客人一开始觉得十分奇怪，看到南因先生还没有停下，水已经开始往外溢了，他终于忍不住了。

"你没看见杯子已经满了吗？"他说，"再也倒不进去啦！"

"这倒是真的，"南因终于住了手，"和这个杯子一样，你自己已经装满了自己的想法。要是你不给我一只空杯子，我怎么给你讲呢？"

要使自己的思想吐故纳新，就要及时将大脑清空，如同必须清空装满水的杯子才能容纳更多的东西一样。

成功者最易犯的毛病就是自满。

有一个徒弟跟随师父学艺多年，自觉把师父的本领都学到了，就去见师父，说："我已经把您的手艺全部学到了，可以出徒了吧！"

师父望着得意扬扬的弟子问："什么是全部学到了呢？"

"就是满了，装不下去了。"

"那么装一大碗石子来吧！"徒弟照做了。

"满了吗？"师父问。

"满了！"

师父抓来一把沙，掺入碗里，没有溢。

"满了吗？"师父再问。

"满了！"

师父又倒了一盅水下去，仍然没有溢出来。

"满了吗？"

这个故事告诉我们，成功只是相对的，不要有了一点成绩就沾沾自喜、骄傲自大，以为自己已经获得了大的收获，这是一种认识的误区和心理的不成熟。学无止境，成功也只是代表过去，不代表将来。真正成功的要义在于：以"满"为不满。

 人生箴言

谦受益，满招损。永远不要有"满"的感觉，唯有"不满"，方可不断进步，趋向于"满"。

不要被安逸麻痹

　　美国康奈尔大学的实验人员做过一次著名的实验，他们把一只青蛙丢进煮沸的油锅里，这只反应灵敏的青蛙在千钧一发的生死关头，用尽全力跃出了那瞬间就会使它葬身的滚滚油锅，安然逃生。

　　隔了半小时，他们使用一个同样大小的铁锅，这一回在锅里放满冷水，然后把那只死里逃生的青蛙放在锅里。这只青蛙在水里不时地来回游动。接着，实验人员偷偷在锅底下用炭火慢慢加热。

　　青蛙不知究竟，仍然在微温的水中享受"温暖"，等它开始意识到锅中的水温已经使它熬不住，必须奋力跳出才能活命时，一切为时已晚。它无力挣脱困境，全身瘫痪，呆呆地躺在水里，最终葬身在铁锅里面。

　　这个实验揭示了一个十分残酷的事实——突如其来的外在刺激或强敌往往能使人奋起面对，发挥出意想不到的潜力；而慢慢地侵蚀却往往使人防不胜防、一蹶不振。

人又何尝不是这样。面对突如其来的灾难，我们常常能够化险为夷，再现生机与活力。在安逸与享乐的环境中，我们却在不经意间遭遇危险的浸透而无所作为、一败涂地。

《孟子·告子下》中说的"生于忧患，死于安乐"，意思是艰苦的生活环境能够锻炼人们的坚强意志，激励人们不断进取；安乐的生活条件容易腐蚀人，使人沉湎其中，走向颓废乃至灭亡。这是古往今来从无数正反两方面经验中总结、提炼出来的警世良言，是一部人才成败史、国家兴亡史所证实的客观规律。

秦王嬴政，叱咤风云，统一中国，自号"始皇帝"，幻想帝业永传，但不出两代，他的儿子胡亥就沉湎安乐，昏庸透顶，失信于民，使"千古一帝"留下的政权毁于一旦。而唐太宗李世民之所以能开创"贞观之治"的业绩，与他"安不忘危，治不忘乱。虽知今日无事，也须思其始终"的忧患意识不无关系。他常常提醒自己："不敢恃天下之安，每思危亡以自戒惧。"当代许多高官就是这样慢慢走向自我毁灭的。如陈希同、成克杰等，他们开始并非坏蛋一个，就是因为一味追求安乐，过不了权力关、金钱关、美色关……抵不住各种诱惑，从量变到质变，最后，由高级干部变成"阶下囚"。

人生箴言

事业成功时仍能看到潜在的危机，要时刻提醒自己居安思危、防患于未然。这样才能避免被突如其来的灾难击倒。

时刻提醒自己

有个老太太坐在马路边望着不远处的一堵高墙，总觉得它马上就会倒塌，见有人向墙走过去，她就善意地提醒道："那堵墙要倒了，远着点走吧。"被提醒的人不解地看看她，然后大模大样地顺着墙根走过去了——那堵墙并没有倒。老太太很生气："怎么不听我的话呢？！"又有人走来，老太太又予以劝告。三天过去了，许多人在墙边走来走去，并没有遇上危险。第四天，老太太感到有些奇怪，又有些失望，便不由自主走到墙根下仔细观看，然而就在此时，墙倒了，老太太被掩埋在灰尘砖石中，气绝身亡。

这个故事告诉我们：提醒别人时往往很容易、很清醒，但时刻清醒地提醒自己却很难做到。所以说，许多危险来源于自身，老太太的悲剧便因此而生。

在日常生活中，这样的情况可以说比比皆是。

经常告诉朋友要注意锻炼身体，我们自己却睡到太阳老高也不肯起床。

经常告诉家人要注意安全，我们自己每天却行色匆匆，来不及顾及过往的车辆。

经常提醒朋友过去的就让它过去，明天的太阳依然会按时升起，自己却抱着往日的心痛泪流不止。

经常提醒朋友快乐就在我们身边，只要我们抬起眼就可看到，举起手就可抓到，可自己却不知道去争取。

经常提醒朋友看看鲜花闻闻花香，看看阳光感受温暖，自己却在春天到来的时候，去注视花坛中的残枝败柳和墙角处那一袋垃圾。

生活中的确需要时时被提醒。无论是无意识的一次感触，还是有意识的反省，都是必需的。

我在做什么，我要做什么。这种提醒能让你坚持自己的目标，明确自己的目标，不至于出现方向上的偏差、行为上的错误以及精神上的空虚。

 人生箴言

　　提醒自己生活需要时时清理，提醒自己生活需要拥有激情，提醒自己不要让今天成为昨天的简单复制，提醒自己每一轮朝日与夕阳都是时间在流逝，提醒自己每天都要提醒自己……

留个缺口给别人

一位著名企业家在作报告。一位听众问："你在事业上取得了巨大的成功，请问，对你来说，最重要的是什么？"

企业家没有直接回答，他拿起粉笔在黑板上画了一个圈，只是并没有画圆满，留下一个缺口。他反问道："这是什么？""零。""圈。""未完成的事业。""成功。"台下的听众七嘴八舌地答道。

他对这些回答未置可否："其实，这只是一个未画完整的句号。你们问我为什么会取得辉煌的业绩，道理很简单——我不会把事情做得很圆满，就像画个句号，一定要留个缺口，让我的下属去填满它。"

留个缺口给他人，并不说明自己的能力不强。实际上，这是一种智慧，是一种更高层次上带有全局性的圆满。

给猴子一棵树，让它不停地攀登；给老虎一座山，让它自由驰骋。也许，这就是身为管理者用人的最高境界。

一位表演大师上场前，他的弟子告诉他鞋带松了。大师点头致谢，蹲下来仔细系好。等到弟子转身后，又蹲下来将鞋带放松。

有个旁观者看到了这一切，不解地问："大师，您为什么又将鞋带放松呢？"大师回答道："因为我饰演的是一位劳累的旅人，长途跋涉让他的鞋带松开，可以通过这个细节表现他的劳累和憔悴。"

"那你为什么不直接告诉你的弟子呢？"

"他能细心地发现我的鞋带松了，并且热心地告诉我，我一定要保护他这种热情的积极性，及时地给他鼓励。至于为什么要将鞋带解开，将来会有更多的机会教他表演，可以下一次再说啊。"

 人生箴言

留个缺口，才能容纳完美。这就需要有海纳百川的气度、成人之美的胸怀、人尽其才的胆识。

化敌为友

美国著名的政治家富兰克林有一次在台上演讲时，有个对他充满敌意的州议会议员在台下窃窃私语；他说到兴奋之处，议员却在台下讥讽地哈哈大笑起来。

富兰克林有权力阻止议员的所为，但是他没有。他面带微笑地看着议员，然后继续自己的演说。

他知道这个议员喜欢藏书。有次在议会大厦大厅里遇上对方，他便问道："我有许多珍贵的藏书，不知你有没有兴趣？"

议员吃了一惊。

他把家中的许多藏书赠给议员，他们之间有了接触，谈论的话题从书籍发展到政见。最后，他们成为挚友。

对付敌人的方法有三种：第一种是针锋相对，不断与之斗争，最后战胜对手；第二种是忽略对手，忘记对手，不与对手一般计较——这是一种心理胜利法；第三种则是化敌为友。

第一种谁都会做，争斗起来，可以天昏地暗。第二种需要人的豁达和操守，淡然看待对手的挑衅。第三种则需要更宽广的胸怀、更长远的考虑。冤家宜解不宜结，第三种做法可以消除自己的前进道路上障碍。

与人争斗、忘记对手是容易的，但要笑脸面对敌人、把敌人引为知己，却要遭遇人性上的艰苦考验。从某种意义上说，你要战胜的不是敌人，而是自己。

胡雪岩可谓化敌为友的高手。虽然他一向认为生意场中没有真正的朋友，但也不认为到处都是敌人。他总是笑对竞争对手，千方百计化敌为友。胡氏在生意上虽然历经波折，但终究有了大的成就。这不但靠他自己的能力，也靠他的朋友支持，甚至是势不两立的敌人也曾向他伸出过援助之手。与胡氏势不两立的大都是生意上的对头。一般商人遇到这种事，总是想，既然大家都过独木桥，对不起，我只有想办法把你挤下去了；然而胡雪岩不这样想，他认为既然是过独木桥，都很危险，纵然我把你挤下去，谁能保证你不会湿淋淋地爬起来，又来挤对我呢？冤冤相报何时了？既然大家图的是利，那么就在利上解决吧。

有这样一个故事。一天，从晋国来了一位说客，对郑国宰相子产说："丰卷过去反对过你，并且曾率兵攻打过你。他那次失败后逃到了晋国，一直过着流浪的生活。丰卷近来悔过自新，想回到自己的祖国来，却又怕你不同意。"子产说："对于我这个人，丰卷是知道的呀。平时，我只嫌朋友太少，丰卷要是能成为我的好朋友，那是我求之不得的啊。"没有多久，丰卷回到了郑国，受到子产的热情接待。

著名的心理学家荣格有这样一个公式：我＋我们＝完整的我。

绝对的我是不存在的，只有融入我们的"我"。一个人要实现自身的价值，就必须与周围的人友好相处，精诚合作，实现优势互补，在竞争中得到共同发展。这实际就是世界贸易组织（WTO）中所推崇的"双赢"，"双赢"才是真正的赢。林肯在担任美国总统时，对政敌的态度引起了一位官员的不满。他批评林肯不应试图跟敌人做朋友，而应该消灭他们。林肯十分温和地回答说："难道我不是在消灭我的敌人吗？"其实林肯是在化敌为友。

 人生箴言

　　减少一个敌人的价值胜过增加一个朋友。

不是非你不可

X 先生在一家国有公司工作，工作了 10 年，终于做到了销售经理的位置。

这个职位炙手可热，当然，X 先生朋友为此付出了很多。这家公司生产的是生活用品，因此销售经理的位置可谓举足轻重。

他以前接到总经理的电话，会马上起身赶往公司。而现在，他可以一边和朋友们聊天，一边和总经理聊天："老总啊，我现在很忙，正在和客户谈话。"

公司改制的时候，他本有望再进步一次，升为主管销售的副总经理。不知哪个环节出了问题，他仍然当他的销售经理，而一个车间主任竟"一步登天"成了他的顶头上司。

他的愤懑溢于言表，到处放话说自己不想干了。董事长找他谈话，让他安心工作，董事会会考虑对他的安排。但时间过去多日，董事会没有带来任何好消息，他原有的许多权力反而被取消了。

一怒之下，他真辞职不干了。他原本以为，公司会挽留的，因为公司里再也挑不到一个比他更合适做销售经理的人了。但现实却是，在他提出辞职的时候，董事长并没有多大惊讶，只是要他仔细考虑一下，他说已经考虑好了。董事长说下午给他答复。过了3个小时，董事长打电话给他，说："请去办理离职手续吧。"

他就这样离开了公司。他想看公司产品销售不出去的笑话，但事实又一次彻底回击了他。公司产品仍然源源不断地销往外地，他离去之后，公司运转一切正常。他企图拉拢他的那些商人朋友，却没有一个人理睬他。因为他们是商人，他们以利润作为自己的终极目标。

维持一家公司正常运转的不是某个人，就像一台十分复杂的机器，需要许多部件配合。当自己做出一番成绩的时候，不要忘了配合自己的许多"零部件"。对于一台机器而言，每个部件似乎都不可缺少，但不要忘了，寻找一个部件重新让机器运转起来，那是一件十分容易的事。

当你觉得所得到的待遇不公平时，不要负气，更不该以辞职来要挟，而应该冷静地想想到底你为单位创造了多少价值、这个岗位是不是非你不可？除此之外你还有多大的本领、你的薪水是不是确实对不起你的劳动、你为什么没有得到升迁机会？账算完后作决定：跳槽、充电，或是老老实实继续干活儿。

 人生箴言

如果要让自己成为被重视的、"非你不可"的人，唯一的途径就是努力工作、不断学习，而不是居功自傲。

成功没什么可炫耀的

一个富人有一匹高大的马。他让人给这匹骏马套上金质的辔头，安上一副昂贵的装饰得非常华丽的马鞍，并披上一条上面织有金线的丝毯。骏马看主人让人把它打扮得如此漂亮，不由得心花怒放，变得盛气凌人起来。

一天，骏马被紧紧地拴着，但它使劲挣脱了笼头，然后嘶鸣着从那里冲了出去。这时候有一头驴子朝它迎面走来，它背上正驮着沉甸甸的口袋，四条腿一步一步慢腾腾地往前迈着步子。骏马满嘴冒着白沫，在很远的地方就开始叫道："让开！是谁教你如此没礼貌的，看到一匹像我这样的马还不赶快让路？滚开，不然的话我揍你，把你揍死了，还要把你从这儿拖开！"

驴子怕得要命，连忙让开了一条路，一声也不敢吭。

骏马横冲直撞地跑了过去，从灌木丛间飞快地穿行而过。可是在冲过灌木丛时，它的蹄子受伤了，从此失去了主人的宠幸。主人把它身上的金辔头和漂亮的马鞍子取了下来，把它卖给了一个车夫。从这天起，它只好从早到晚去拉车了。

不久，驴子看见它在拉车，便说道："你好，朋友！你这是怎么搞的？你那金辔头、那条金丝毯都哪儿去了？"

骏马不得不低下了它那曾经高贵的头颅。

当幸福达到顶端的时候，不幸往往也已经站在门前。得意的时候千万别忘乎所以！

有一天，苏格拉底的弟子聚在一块儿聊天，一位出身富有的学生当着所有同学的面，夸耀他家在雅典附近拥有一片广大的田地。

当他吹嘘的时候，一直在旁边不动声色的苏格拉底拿出一张地图说："麻烦你指给我看，亚细亚在哪里？"

"这一大片全是。"学生指着地图得意扬扬地说。

"很好！那么，希腊在哪里？"苏格拉底又问。

学生好不容易在地图上找出一小块儿来，但和亚细亚相比，实在是太微小了。

"雅典在哪儿？"苏格拉底又问。

"雅典，这个更小了，好像是在这儿。"学生指着一个小点儿说。

最后，苏格拉底看着他说："现在，请你指给我看，你那块广大的田地在哪里呢？"

学生忙得满头大汗也找不到了，他的田地在地图上连个影子也没有。

他很尴尬地回答道："对不起，我找不到！"

与天地相比，人永远是微不足道的。因此，我们应该以一颗谦卑的心来面对所有的成绩和荣誉，而不是到处炫耀。

18世纪的法国科学家普鲁斯特和贝索勒是一对论敌，他们对定比定律的争论长达 9 年之久，各执一词，谁也不让谁。最后以普鲁斯特胜利而告终，普鲁斯特成为定比这一科学定律的发明者。普鲁斯特并未因此而得意忘形据天功为己有。他曾真诚地对激烈反对过他的论敌贝索勒说："要不是你的一次次质疑，我很难深入地研究这个定律。"同时，他特别向公众宣告，发现定比定律，贝索勒有一半的功劳。

一个人的成功，总会有外力的相助，不管是以何种方式。因此要懂得感谢他人，而不是将成绩完全占为己有。

 人生箴言

要感谢那些帮助你成功的人，而不是炫耀你的成功。只有这样，才能获得持久的帮助、持久的成就。

他山之石，可以攻玉

有一只老虎因年迈体衰，已经无力觅食了。为了解决自己的一日三餐，它决定使用计谋。老虎躺在自己的洞里装病，并不时故意发出痛苦的呻吟声，路过洞口的山林动物听到后都很同情它，便陆续前来探望，老虎乘机把它们一只只都吃掉了。就这样，许多动物失踪了。

小松鼠发现了老虎的秘密。它来到老虎那里，远远地站在门外，然后问老虎身体如何。老虎回答说："我可能快不行了，亲爱的，我觉得好孤独啊，请你进来陪我聊聊天吧。"

小松鼠回答："不，对不起，我有点害怕，我发现这里有许多足迹，但只有进洞的，没有一个出洞的。"

聪明的小松鼠正是从他人的灾难中吸取了教训，才避免了同样的灾难降临到自己身上。

古人云："他山之石，可以攻玉。"无数事实证明，善于学习、借鉴别人的成功经验、汲取别人的失败教训，是明智之举，是走向成功的捷径。

美国国际商业机器公司在开发新产品上总是"慢对手半拍"，几乎没有率先在市场上推出过位于新技术前列的产品。他们总是让其他公司"领跑"，自己尾随其后，从别的企业成功与失败的经验中寻找企业开发新产品的最佳"谋合点"。他们生产的商业机器在世界各地经久不衰，取得了巨大成功。意大利帕克公司在别的公司推出新产品后，马上会派出工程师和营销人员到用户家中探询其产品的优点和缺点，掌握第一手资料，之后再扬长避短，开发自己的产品。结果，他们的产品总是以"青出于蓝而胜于蓝"的技术获得最佳市场。

别人的经验和教训都是宝贵财富，要认认真真地学。只有这样，才能使我们"站在巨人的肩膀上"，在更高的起点上登攀，在更新的领域中取得成功。成功的经验要学，失败的教训更要借鉴。失败是不可避免的人生经历，从失败中分析原因、汲取教训是人生的一笔财富。同理，只有善于分析各种各样的失败案例，去寻找其中深层次的原因，才能避免自己遭遇同样的失败。

因此，美国塔克商学院教授芬克尔斯坦在教授管理学时，没有把如何模仿成功企业管理模式作为经典教学内容，而是把眼光瞄准了最差企业和企业失败的教训。芬克尔斯坦认为："学习成功经验的最好方法是从研究失败中获得教训。"在激烈的市场竞争中，人们往往更多地追求卓越、关注成功，然而"智者千虑，必有一失"，任何人要想做到一帆风顺是不可能的，成功者的经验都是相似的，但失败者的教训却各不相同。前事不忘，后事之师。探寻失败的原因，更能够得到启发和警示。

当然，也不要把别人的经验教训拿来当万能药，认为在什么场合都适合，那就错了。归根结底，别人的经验教训是属于别人的东西，是别人从其自身的实践中总结出来的。正如世界上没有两片完全相同的树叶一样，由于人与人的出身、性格、经历及所受的教育不同，因而把他人的经验教训完全套用于自己的实践，显然是不合适的。因此，学习别人的经验和教训时，也不要忘记去总结自己的经验和教训。

 人生箴言

　　善于借鉴别人的经验和教训，举一反三，就能少走弯路，走向成功。

勇于发现和承认错误

美国救生圈公司的副总经理，不得不开除了一个很有希望的青年高级职员，因为他不能接受别人的批评。这个职员是由一个小学徒升上来的，因为很有才干，所以升职很快，一直升到该公司的工程预算部主任，负责公司内部各项工程的预算。有一天，一个速记员查出他在预算中算错了 2000 元，于是把详情呈报给上司，后来经理也知道了这件事。这个年轻主任听后勃然大怒："这个速记员不该查我的核算，他也不该提出来。"经理问他是不是算错了，他说是的。"然而你认为速记员不应该说出来，而应该使公司受损失以维护你的威严吗？"年轻的主任说是的。经理就劝他，说像他这样的态度，很难做出大成绩来。时间过了很久，当人们快要忘记此事时，他在算一个工程时又出现了错误。经理批评他，他还是不服气，一点儿也没有认错的意思。经理实在没办法，就解雇了他。

这位年轻主任的失误在于犯了错误不肯承认，被人指出后又气急败坏，认为自己丢了尊严，这更是错上加错，葬送了自己的大好前程。

人非圣贤，总会有犯错误的时候，可怕的不是错误本身，而是对待错误百般抵赖、死不认账的恶劣态度，让人想原谅他都找不到理由。为自己的错误辩护开脱，是人的本能，也是人性的弱点；但如果死不改悔，只能让别人对你的品行产生怀疑，唯恐躲避不及。勇于承认自己错误的人，反倒能够获取别人的谅解和信任。

有个工人在一个木材厂找到了一份报酬丰厚的工作，他决定认真干下去。

上班第一天，老板就给了他一把斧头，告诉他每天的工作就是砍树。这个工人于是卖力地工作起来，一天的时间，他砍了19棵树，老板很高兴地鼓励他，赞扬他干得不错，工人听了很兴奋。第二天，他更加积极地拼命干活儿，但是却只砍了16棵。第三天，工人用双倍的激情进行工作，可是只砍了10棵。

工人感到很惭愧，他觉得自己实在太没用了，于是赶去向老板道歉，说自己越卖力越干不好。老板问他："你多久磨一次斧子？"工人一听愣了，他回答说："磨斧子，我一天到晚忙着砍树，哪儿还有时间去磨斧子呀？"

不要嘲笑这个工人，因为现实中确有这种人。一些人在工作中只知一味蛮干，从不讲究效率和方法。

工欲善其事，必先利其器，磨刀不误砍柴工。做任何事情都应讲究效率和方法，一味地蛮干解决不了问题，甚至会使事情恶化。

我们是不是也常常像这位砍树人一样，忙得没有时间去思考，去想我们做事的方法是不是得当、是不是效率最高的？

西班牙有句格言说得很好：“人在心不在，穿过树林不见柴。”我们要睁大眼睛观察自己所处的环境，勤于思考、善于琢磨，才能抓住到手的机遇。爱因斯坦说过："要善于思考，思考，再思考，我就是靠这个方法成为科学家的。"思考，是一个人不断进步的推动力。思考是寻求智慧的开始。英国化学家柏琴原准备从焦油中提炼治疗狭义疟疾的奎宁，不料在提炼中却出现了一种紫红颜色的东西。他抓住这意外的情况进行探究，终于发明了有色染料。

此外，当达到既定的目标之后，不少人会偃旗息鼓，而思考会使你意识到，从更大的领域看来，已花的精力为解决更高层次上的问题提供了以前所没有过的可能性。

 人生箴言

在忙碌的生活和工作中，请你留一点时间来思考吧！唯有思考，才能不断发现更好的方法和思路。

和自己竞争

一个人成就的大小、才能的高低，都有具体的标准。但关键不在于和他人去比较，而在于和自己竞争。在这个意义上，每个人最大的敌人不是别人而是自己，只有战胜自己，才能超越自己。

一些成功之士认为，与自己竞争，要比一味地击败对手更有意义。他们希望自己能够不断地超越自我。他们明白过分担心竞争对手的能力、害怕对方的优势，往往会先输掉自己。美国著名作家威廉·福克纳说过，"不要竭尽全力去和你的同僚竞争。你更应该在乎的是：你要比现在的你更强"。你应该永远给自己设立一些具有挑战性但并非力所不能及的目标。

大部分的人都习惯拿自己来跟别人作比较，考试时争第一名，工作上争升迁，争来争去都是和别人争，比来比去也都是和别人比。也许有人会说，没有比较竞争又哪儿来的进步呢？是的，正确的比较竞争确实是进步的原动力，但是比较的目的如果流于逞强好胜，各种问题就会接踵而至。

　　成功的人往往是最了解自己的人，他们始终在跟自己竞争。而很多人之所以不快乐，皆是因为对自己的现状不满意，高不成低不就，总是觉得别人活得比自己好。产生这种结果的原因，是由于这些人眼高手低，无法平和及认真地看待自己，不愿意跟自己竞争。

　　你可能少有实权或无权掌控公司做事的方法，但和自己竞争却是完全掌握在你手中的事情。"和自己竞争"的意思就是，向自己过去的表现挑战，勉励自己超越过去的自己。少把焦点放在别人身上，专心注意自己的能力是否已经发挥到极限。

　　和自己竞争的方法有很多。例如列出一张表，把自己想要达到的目标、理想及必须完成的任务写清楚，并定期对照，时刻提醒自己还有多少内容没有达成。这样你就不会老是拿自己来和别人作比较。当然，若是良性的互动，朋友之间的相互较劲，倒是无可厚非。不过，我们应该始终牢记：人生中最大的敌人不是别人，而是自己。

 人生箴言

　　有时和自己竞争比和别人竞争更困难。人都有盲点，尤其是看不清自己的缺点；克服自己的盲点和障碍，才能突破现状向前迈进。

享受生活的乐趣

一位富商，英年早逝。临终前，他见窗外的市民广场上有一群孩子在捉蜻蜓，就对他4个未成年的儿子说："你们到那儿去给我捉几只蜻蜓来吧，我许多年没见过蜻蜓了。"

不一会儿，大儿子就带了1只蜻蜓回来。富商问："怎么这么快就捉了一只？"大儿子说："我用你给我的遥控赛车换的。"

富商点点头。

又过了一会儿，二儿子也回来了，他带来2只蜻蜓。富商问："你怎么这么快就捉了2只蜻蜓回来？"二儿子说："我把你送给我的遥控赛车给了一位小朋友，他给我3块钱，这2只是我用2块钱向另一位有蜻蜓的小朋友租来的。爸，你看这是那多出来的1块钱。"富商微笑着点点头。

不久老三也回来了，他带来10只蜻蜓。富商问："你怎么捉那么多的蜻蜓呀？"三儿子说："我把你送给我的遥控赛车在广场上举起来，问谁愿意玩儿赛车，愿意的只需交 1 只蜻蜓就可以了。爸，要不是怕你着急，我至少可以收到 18 只蜻蜓。"富商拍了拍三儿子的头。

最后回来的是老四。他满头大汗，两手空空，衣服上沾满了尘土。富商问："孩子，你怎么搞的？"四儿子说："我捉了半天，也没捉到 1 只，就在地上玩儿赛车，要不是见哥哥们都回来了，说不定我的赛车能撞上 1 只蜻蜓呢！"富商笑了，笑得满眼是泪，他摸着四儿子挂满汗珠的脸蛋，把他搂在了怀里。

第二天，富商死了。他的孩子们在床头发现一张小纸条，上面写着："孩子，我并不需要蜻蜓，我需要的是你们捉蜻蜓的乐趣。"

钱当然可以买到蜻蜓，但买不到的是捉蜻蜓的乐趣。生命的乐趣不在于结果而在于过程，即使在忙碌的生活中也不要忘记了享受生活的乐趣。

一位得知自己不久于人世的老先生，在日记簿上记下了这样的文字：如果我可以重活一次，我要尝试更多的错误，我不会再事事求完美。我情愿多休息，随遇而安，处世糊涂一点，不再对将要发生的事处心积虑、处处算计。其实人世间的大多数事情是不需要去计较的。可以的话，我会去旅行，跋山涉水，更危险的地方也不妨去一去。以前我不敢吃冰棍，不敢吃豆子，是怕影响健康，此时我是多么的后悔！过去的日子，我活得实在太小心，每一分每一秒都不容有失，太过清醒明白，太过清醒合理。如果一切可以重来，我会什么也不准备就上街，甚至连一块纸巾也不带，我会放纵地享受每一分每一秒。如果可以重来，我会赤足走在户外，甚至整夜不眠，好好感受一下世界的美丽与和谐。还有，我会去游乐园多玩儿几圈木马，多看几次日出，和公园里的小朋友一起玩耍，只要人生可以从头开始。但我知道，这一切都是不可能的了。请珍惜活着的感觉！

来日不多，没有享受生活的乐趣，成了这位老人临终的遗憾。那么，我们活着的人呢？难道要重复这样的遗憾吗？我们整天行色匆匆，除了工作，或者生意，无暇顾及其他。每个人都在说忙啊、累啊，但真的就忙得没有一点时间去放松一下心情、享受一下除了工作以外的生活乐趣？

 人生箴言

不要被忙碌的生活所累，适当的时候给自己放个假，享受一下大自然的风景，享受一下和家人在一起的天伦之乐。

不过是从头再来

有个人做生意失败了，但是他仍然极力维持原有的排场，唯恐别人看出他的失意。宴会时，他租用私家车去接宾客，并请表妹扮作女佣，佳肴一道道地端上，他以严厉的目光制止自己久已不知肉味的孩子。虽然前一瓶酒尚未喝完，他已打开柜中最后一瓶 XO。但是当那些心里有数的客人酒足饭饱、告辞离去时，每一个人都热情地致谢，并露出同情的眼光，却没有一个主动提出帮助。

他彻底失望了，百思不得其解。一个人独行街头，看见许多工人正在扶被台风吹倒的树——工人总是先把树的枝叶锯去，使得重量减轻，再将树扶起来。

他顿然领悟了，放弃了旧有的排场和死要面子的毛病，重新自小本生意做起，并以低姿态去拜望以前商界的老友。这些朋友知道他在脚踏实地地做小生意时，都尽量给予方便，购买他的东西，并给他介绍其他客户。

没有几年，他又在商场上站立了起来，而他始终记得锯树工人的一句话："倒了的树，如果想维持原有的枝叶，怎么可能扶得起来呢？"

人生总是有起有落，谁也不能保证永远处于事业的巅峰。没有一个人一生永远顺利，也没有一个人会一辈子失败，只要有坚定的信念，始终如一，所有的成功与失败都只能是你生命长河中一朵不起眼的浪花。因此，不要因一次成功而飘飘然，也不要因一次失败而一蹶不振：成功了，淡然视之；失败了，泰然处之；不要一味地逃避失败，应该正视失败，从头再来。

心若在，梦就在，只不过是从头再来。人生要时刻准备从头再来。

有一个朋友，在方正公司北京总部干得如鱼得水，却突然接到调至云南任分公司总经理的通知。

朋友说，总公司的决定非常突然，头一天老板找他谈话，宣布决定，第二天他就离京赴云南上任了。有人问他，当时有没有一种"被下放"的感觉？将要面对一个陌生的环境，有没有迷茫的感觉？朋友说自己是个想做点事情的人，在哪儿都无所谓，只要有一个舞台供自己施展就足够了。

云南分公司在方正所属公司里属 D 类公司，排名明显靠后。但朋友对此并不介意，他说他只是想做点事情，排名前后并不影响他的工作。

不是所有人都能这样想。职位的变迁往往包含着很多的内容，但对于真正想做一番事业的人来说，在哪里都有机会，都一样可以施展本领。

人生箴言

当遇到突如其来的失败或者是措手不及的变化时，我们能做的只有两件事：放下；从头再来。

幸福的永世法则

从前，有一位爱民如子的国王。在他的英明领导下，人民丰衣足食、安居乐业。深谋远虑的国王担心，自己死后人民过不上幸福的日子，于是他召集了国内的有识之士，命令他们寻找一个能确保人民生活幸福的永世法则。

一个月后，3 位学者把 3 本 6 寸厚的帛书呈给国王说："国王陛下，天下的知识都汇集在这 3 本书内，只要人民读完它，就能确保他们的生活无忧了。"国王不以为然，因为他认为人民不会花那么多时间来看书。所以他再命令这些学者继续钻研。两个月内，学者们把 3 本书简化成一本。国王还是不满意。一个月后，学者们把一张纸呈给国王。国王看后非常满意地说："很好，只要我的人民日后都真正奉行这宝贵的智慧，我相信他们一定能永久地过上富裕幸福的生活。"说完后便重重地奖赏了学者们。原来这张纸上只写了一句话：天下没有不劳而获的东西。

获得更多的财富，是人类的共性。但有些人只想快速发达，却不明白"一分耕耘一分收获"的道理。在取巧、碰运气的心态主导下，人就很难全力以赴去做事。

从前有位心善的富翁，盖了一栋大房子。他特别要求营造的师父把四周的房檐加长，好使贫苦无家的人能在下面暂时躲避风雪。

房子建成了，果然有许多穷人聚集檐下，他们甚至摆摊子做起买卖、生火煮饭，嘈杂的人声与油烟，使富翁深受其扰。他的家人也因此经常与在檐下的人发生争吵。

冬天，有个老人在檐下冻死了，大家交口骂富翁不仁。

夏天，一场飓风，别人的房子都没事，富翁的房子因为屋檐特长，居然被掀了顶。村民们都说这是恶有恶报。

重修屋顶时，富翁要求只建小小的房檐，因为他明白：施人余荫总让受施者有仰人鼻息的自卑感，结果由自卑生成敌对。

富翁把钱捐给慈善机构，并盖了一间小房子，所能荫庇的范围远比以前的房檐小得多，但是四面有墙，是栋正式的屋子。

许多无家可归的人，都在其中获得暂时的庇护，并在临走时感激地询问这栋小房子是哪位善人捐建的。

没有几年，富翁成了当地最受欢迎的人。在他死后，人们因为继续受他的恩泽而纪念他。

这个故事启示我们，财富必须被善加利用，以便增进你和他人的福利。假如一个人终其一生依恋财富，不对国家、朋友和信仰尽义务，他的生活将充满忧虑和空虚。最后，当离开世界的时候，他才会明白尚未充分使用自己的财富。没有人，包括他自己，会从拼命积蓄的财富中得到任何益处。

有人认为，金钱可以让人体面地生活，使人风光荣耀，体现出自己的社会价值。然而，金钱是否体现个人的社会价值，关键在于财富拥有者怎样去运用财富。中国古代就有"宝物利剑，唯有德者据之"的说法，财富本身恰如利剑，掌握在不同的人手中，其作用大不相同。财富掌握在有德有能者手中，能够发挥财富的最大作用，造福社会，惠及众人。比尔·盖茨认为，自己挣来的巨额财富对他个人来说，不仅是巨大的权利，也是巨大的义务，这就是德高者的社会责任感。

　　洛克菲勒家族有数不清的财富，却对孩子的花钱和消费很"抠门儿"，其良苦用心并不在于省钱，而是培养孩子对金钱的正确态度以及做人和做事的基本理念。正如老洛克菲勒所说："财富绝不仅仅是拥有金钱，它还包括健康、幸福、富庶、丰富、开心、学习、知道自己要什么、享受、平衡以及分享。人人都应当善用财富，不能好好利用财富，它就会变成我们的一项负担，利用财富胜过拥有财富。"

　　著名学者陈之藩在青年时，胡适先生给了他一张 400 美元的支票，资助他到美国留学。陈之藩后来有了钱马上就还给胡先生，还写了一封信致谢。胡适接到信后给陈之藩写了回信："之藩兄，谢谢你的来信和支票，其实你不应该这样急于还此 400 元。我借出的钱，从来不盼望收回，因为我知道我借出的钱总是'一本万利'，永远有利息在人间。"

　　"永远有利息在人间"，说得多么好啊！一个人在世上能把私利看淡到如此境界，确实是不易的。陈之藩在后来说："我每读这封信时，并不落泪，而是自己想洗个澡。我感觉自己污浊，因为我从来没有过这样澄明的见解与这样广阔的心胸。"

 人生箴言

　　就个人而言，正确的财富观应该是通过合法手段拥有财富，积极为自己和社会创造财富，并善用财富，让财富发挥最大的价值。

急流勇退是一种智慧

20 世纪 50 年代中期，塑料花在欧美颇有市场，香港企业家李嘉诚经营的塑料厂迅速由生产玩具转向塑料花生产，成为世界上最大的塑料花生产企业，他本人也赢得了"塑料花大王"的美誉。生意正兴隆之际，他却当机立断，毅然放弃利润可观的塑料花行业，重操玩具旧业。不久，塑料花行情暴跌，那些趁热而上的厂家纷纷遭殃。

20 世纪 50 年代，吴兆声还在香港一家公司当小职员时，从一部表现非洲生活的电影中看到非洲人爱佩戴丁零当啷的首饰，于是独闯非洲，做起首饰生意。经过几年努力，他的生意已做到令人眼红的地步。等到许多香港商人也纷纷到非洲抢做首饰生意，他却退出竞争，另辟财路。

1970 年，借美国"假发热"的东风，香港假发制造业生意兴隆，外销总值达 10 亿港元之巨。然而就在这时，香港假发业的开拓者刘文汉却急流勇退，到澳大利亚开创新的事业。不久，美国"假发热"降温，香港的假发制造厂纷纷倒闭。

20 世纪 60 年代，美籍华人蔡志勇因创立"曼克顿互惠基金"赚到大钱，赢得"金融魔术师"称号。还在这个基金会炙手可热之际，他就转手卖给别人了。第二年，这个基金会的股价就开始下降。

与其说他们都能高瞻远瞩地预见未来的市场行情，还不如说他们都认识到了凡事都有由盛而衰这样一个规律，从而才有急流勇退的明智之举。他们的成功，可以说是辩证法的胜利。

人生的长河中，奋进不容易，退下来也不是容易的，甚至比向前还需要勇气和魄力。人逢该退下来时就应急流勇退。人生是一场漫长的竞逐，而一个人不可能在每场竞逐中都取得胜利。

有一位朋友，是个登山队员，一次他有幸参加了攀登珠穆朗玛峰的活动，在 6400 米的高度，他体力不支，停了下来。当他讲起这段经历时，所有人都替他惋惜："为何不再坚持一下呢？再攀一点高度，再咬紧一下牙关。"

"不，我最清楚，6400 米的海拔是我登山生涯的最高点，我一点都没有遗憾。"他说。

他的诚实令人肃然起敬。联想起人生，一个人不怕拔高，就怕找不到生命的制高点。任何事情都存在突破口，但不是任何人都能够穿越突破口，到达更高的层次。

如果说挑战是对生命的发扬，那么明智则是另一种美好的境界，是对生命的爱护和尊敬。一个不懂得珍惜生命的人，命运会给予他惩罚。

这样，揣一根坐标尺上路该是何等重要！它能督促我们不懈努力地攀登，又能提醒我们恰到好处地戛然而止。

仰之弥高，那是笨蛋的愚蠢和贪婪。一个智者，此时此刻，也许悠然而从容地下山去了。

 人生箴言

进和退是一个问题的两面，世界上的一切事情都是有进有退的，如果说"逆水行舟"是一种进的艺术，那么"急流勇退"就是一种退的智能。

第八篇

实现人生价值时的超越

奇迹创造的美丽

这是一个以各种方式流传了几十年的感人至深的爱情故事。

1945年6月的一天，从战争中恢复和平的伦敦还沉浸在胜利的无比喜悦中。陆军中校布朗仔细盯住地铁中心楼顶上的大钟，还差12分就要到下午6点了。多少个日日夜夜魂系梦绕的女人，马上就要出现在自己的面前了！他的心突然加速跳动起来。在将近3年的硝烟中，她给了他无穷无尽的力量。

1942年5月26日，德军精锐部队在"沙漠之狐"隆美尔将军的指挥下，发起了"泰西"战役。当时刚刚从伦敦赶到托卜鲁克任职的年轻军官布朗，被震天动地的飞机轰炸声、大炮的轰鸣声和坦克履带的碾地声吓蒙了，染上了战争恐惧症。他整天无精打采，一听到枪炮声就害怕，总是抱怨自己命运不好，盼望能早日回国。他甚至想偷偷逃回英国，同家人团聚。

一天，他读到了《在炮火中如何保持心灵平衡》这本书。作者引用了从古代希腊到 1936 年西班牙内战，将近 2000 年战争中的大量实例，特别是第一次世界大战的著名战役，描述当死神近在咫尺时，在生与死的瞬息转换中，如何消除对死亡的恐惧。书中的一段话打开了他的心扉——"怕死，死神就不来找你了吗？不，恕我直言，这只是你的一厢情愿。是的，谁都不想死；但是战争却注定要有许多军人死在战场上。当然，究竟轮到谁死，常常是偶然的。炮弹的确不长眼睛。但是，为了英伦三岛不受战火的蹂躏，为了让英国可爱的儿童不再饥饿恐惧、慈祥的母亲不再悲痛欲绝，有时祖国需要你死在战场上。即使你死得并不伟大、并不壮丽，死得默默无闻、悄然无声，那么在无名英雄碑上也会有你的英灵。你的母亲将会为你感到自豪。"布朗的心被震动了。一种神圣的使命感在他心中油然升起。让人惊异的是，本书的作者朱迪丝竟然是一名年轻女性。于是，他当场写了一封表明自己大有收获的感谢信。他并不奢望她会回信。可是，两周以后，他就收到了回信。于是，他又抽空写了信寄给她。就这样，两人一直保持通信。如果有段时间没有收到回信，布朗就会心神不定、坐卧不安。

1943 年 5 月初，隆美尔见大势已去，丢下部队，逃回德国。13 日，25 万被包围的德军举手投降。第二次世界大战激烈的非洲战事胜利结束。此后，晋升为少校的布朗又到欧洲大陆继续作战。他与朱迪丝的通信一直没有中断。两人的感情在这种"飞鸿"不间断的来往中，悄悄地进展。渐渐地，两人终于谈情说爱了，布朗很想得到她的一张照片。可是，朱迪丝却这样回答他——"如果真的如你过去多次说过的那样，你爱我的是'鲜明的个性、突出的才华、深刻的思想'，那么，你为什么一定要清楚我的外貌？如果你对我的爱确实真心诚意，'地久天长''海枯石烂不变心'，那么我长得美不美，又有什么关系？如果我长相平平，甚至丑陋不堪，你还会如此热烈地追求我吗？"

1945年5月，希特勒自杀，德国法西斯投降。欧洲战争终于结束了。在这之前两个月，布朗也已晋升为中校了。在得知回国的具体时间后，布朗立即给朱迪丝写信，约定见面的办法。朱迪丝的回信很快就到了："在伦敦地铁一号出口处等我。你的手中拿一本我写的书，我的胸前将佩戴一朵英国的国花——红玫瑰。不过，我不会先认你，你见到我后，如果觉得我做你的女友不合适，你可以不认我。"

现在，只差3分钟就要到6点了。这时，一个身穿一套绿色衣裙的姑娘从容不迫地向他走来了。她金发碧眼，朱唇皓齿，风度娴雅，绰约多姿，是一位人见人爱的盎格鲁—撒克逊美人。中校大喜过望。激动不已的他甚至忘记了对方胸前应该没戴红玫瑰。可惜这位姑娘没有看他一眼，径直走了过去。

时间终于到了，一名左胸戴着红玫瑰的女人慢慢向他走来了。在这一瞬间，他张口结舌，目瞪口呆，心脏似乎停止了跳动，他的脑海一片空白！来的竟然是这样一名女人——她拄着拐杖，只有一条腿、一条胳膊，另一条手臂上也绑着绷带；头发稀稀落落，脱落殆尽；半边脸呈非常难看的焦黑色。怪不得她在信中要这样说我可以不认她。原来如此，怎么办？不认她现在还来得及。布朗开始纠结起来。

然而，经历过战火洗礼的他很快就冷静下来了，心想："不，我不应该这样想。因为这一定是德寇飞机造成的罪孽。我应该恨的是德国法西斯。要知道，她在我最需要的时候，无私地伸出了援助之手。在长达将近1000天的战火相恋中，我们的爱是神圣的。我要为

遇见勇敢超越的自己

刚才自私的想法而感到羞愧。我没有理由不认她。否则是卑鄙的。"于是，他脸带笑容，转过身，追上这名已经走远的"奇丑无比的女人"，举起手中那本作为标记的书，温和地对她说："我是布朗，如果我没有弄错，您就是朱迪丝。我们终于见面了，非常高兴！我们一起共进晚餐，怎么样？"

"不，您弄错了。我是范妮。我真不知道是怎么一回事。在 5 分钟前，刚才在你面前走过的那位穿绿衣服的姑娘，请求我戴上这朵红玫瑰，她一定要我不要主动认您，如同不认识一样。只有在您先同我打招呼并且对我毫无嫌弃之意时，才把真相告诉您。她还要我告诉您，您已经成功地接受了一次或许比战争更严酷的考验。她正在对面那家餐馆等您。"布朗比刚才更吃惊了，一时间竟什么都说不出来。然后梦醒一般向那家餐馆跑去……

不久，朱迪丝就向布朗提出要求："永远不要向别人提起我们的恋情。爱只是我们的私事，没有必要让大家都知道，只要我俩珍惜就可以了。好吗？如果用自己的恋爱经过来提高知名度，是对我们纯洁的爱的一种亵渎。"布朗当即答应了朱迪丝的要求。他幽默地举起右手，说："我以军人的荣誉和铁的纪律来保证，一辈子执行您的命令。"后来，布朗和朱迪丝同范妮也成为了好朋友。他们也要求范妮为他们的"奇异的恋情"保密。范妮也答应了。然而，几年后，范妮终于忍不住了，向她的当记者的表弟鲍勃透露了这桩战火奇恋及其极富戏剧性的团圆。不过，她交代人物的姓名和所在部队都作了"虚化处理"，主要情节也作了很大的简化，使人无法确认真正的主人公。可是，鲍勃对此仍然非常感兴趣，特别是它的结尾。他以《一个感人的真实爱情故事》为题，写了一篇文章发表在《泰晤士报》上。尽管鲍勃在文章中已经说明，这是一个虚化的真实故事，可是它仍然引起了轰动。不久，根据这个故事出人意料的精彩结尾改编的一篇通俗小说就问世了。此后几十年中，以这个故事的结尾为模式的小说、散文、戏剧、电影、电视剧等层出不穷，时有所闻。这个故事的结尾成为最著名的故事结尾之一，它几乎已经成为"女性考验恋人"的代名词。

1996年5月3日，英国老人约翰·布朗去世。不久，朱迪丝也溘然长逝。这一对一生深深相爱的老人几乎同时离开人间。在他们的葬礼上，他们生前数十年的挚友、白发苍苍的范妮拄着拐杖，上前发表了讲话。"现在可以公开一个长达半个多世纪的秘密了。因为我已经忠实地遵守了我的承诺。今天，保密的时效已经结束了。"范妮终于道出了真实的故事。现场爆发出一阵热烈的经久不息的掌声！两人的灵柩被激动的人们高高地举起，范妮也被人们抬了起来。人们向亡灵致敬，也向范妮表示敬意。

 人生箴言

在无数偶然中存在着必然，请相信上苍神奇的创造力吧。

要行动，不要空想

有一个人刚入禅门，在第二天吃早餐的时候就迫不及待地向老禅师请教问题：

"我们的灵魂能不能不朽呢？

我们的身体一定会化为乌有吗？

我们真的会投胎转世吗？

我们如果能投胎转世，那么能不能保留这一世的记忆呢？

禅能让我们解脱生死吗？

……"

这个人一口气问了老禅师十几个问题，还准备再问下去时，却被老禅师的一句话打断了："你的早餐已经凉了。"

夸夸其谈，不切实际地空想，是一些刚踏入社会的年轻人的通病。满脑子的空想，滔滔不绝的理论，但落实到工作上，却是小事不屑做、大事做不来。别人在一步一个脚印地往前走、往上走，他还在原地踏步。

爱默生因此告诫我们："当一个人年轻时，谁没有空想过？谁没有幻想过？想入非非是青春的标志。但是，我的青年朋友们，请记住，人总归是要长大的。天地如此广阔，世界如此美好，等待你们的不仅仅是需要一对幻想的翅膀，更需要一双踏踏实实的脚！"

在人生道路上，肯定会遇到许许多多的困难。

古时候，有两个兄弟各自带着一只行李箱出远门。一路上，重重的行李箱将兄弟俩都压得喘不过气来。他们只好左手累了换右手，右手累了又换左手。忽然，大哥停了下来，在路边买了一根扁担，将两个行李箱一前一后挂在扁担上。他挑起两个箱子上路，觉得轻松多了。

洛克菲勒是美国现代历史上有名的资本家，但是在 50 岁的时候，他曾经遇到过很大的麻烦——有不少人发誓要把他吊死在苹果树上，威胁他性命的信件像雪片般飞进他的办公室。他愁得吃不下饭睡不着觉，头发脱落，情绪烦躁不安，似乎走到了生命的尽头。改变他命运的转折点是从他帮人的行动开始的。他首先捐钱把一家因付不起贷款即将破产的小学院建成世界著名的芝加哥大学，接着又捐钱扑灭了肆虐美国南部的传染性疾病——钩虫病。后来他还出资成立了洛克菲勒基金会，专门用来对付世界性疾病和投资教育。1932 年中国霍乱流行，洛克菲勒基金会大量捐款，使中国顺利控制住了霍乱。

在大量的帮助他人的行动中，洛克菲勒心灵平静了，心情舒畅了。他的健康状况也因此大大改善，最后活了 98 岁。

没有行动的梦想只能是空想，只会空想的人不可能有成功的机会。只有将空想和行动结合起来，才能实现梦想。

一个叫凯伦的女孩梦想自己能当上舞蹈演员，她知道天下没有免费的午餐，一切成功都要靠自己努力去争取。她白天打工，晚上在大学的舞蹈艺术班上夜校。毕业之后，她开始谋职，跑遍了洛杉矶每一个剧团和演出公司。但是，每个地方的经理对她的答复都差不多："我只需要有表演经验的演员。"

但是，她没有退缩，一边继续训练，一边出去寻找机会。她一连几个月仔细阅读演出方面的报纸杂志，终于看到一则招聘广告：北达科他州有一家很小的剧团正在招聘一名舞蹈演员。

凯伦是加州人，一直在南方长大，不喜欢北方的阴冷气候。但是，没有困难能够阻止她，只要能够登上舞台，让她干什么都行！她抓住这个工作机会，动身到北达科他州去实现自己的理想。

凯伦在那里工作了两年，在表演上取得了进步，最后被洛杉矶的一家大演出公司相中，登上了她期盼已久的大舞台。又过了五年，她已经是新闻媒体关注的表演艺术家，她的梦想终于实现了。

 人生箴言

对夸夸其谈的人来说，梦想永远是海市蜃楼。只有脚踏实地为梦想去努力，才能将梦想变为现实。

失败是人生必经的历程

有个渔人有着一流的捕鱼技术，被人们尊称为"渔王"。然而"渔王"年老的时候非常苦恼，因为他的三个儿子的捕鱼技术都很平庸。

他向人诉说心中的苦恼："我真不明白，我捕鱼的技术这么好，我的儿子们为什么这么差？我从他们懂事起就传授捕鱼技术给他们，从最基本的东西教起，告诉他们怎样织网最容易捕捉到鱼，怎样划船最不会惊动鱼，怎样下网最容易"请鱼入网"。他们长大了，我又教他们怎样识潮汐、辨鱼汛……凡是我长年辛辛苦苦总结出来的经验，我都毫无保留地传授给了他们，可他们的捕鱼技术竟然赶不上那些一般渔民的儿子！"

一位路人听了他的诉说后，问道："你一直手把手地教他们的吗？"

"是的，为了让他们得到一流的捕鱼技术，我教得很仔细很耐心。"

"他们一直跟随着你吗？"

"是的，为了让他们少走弯路，我一直让他们跟着我学。"

路人说："这样说来，你的错误就很明显了。你只传授给了他们技术，却没传授给他们教训。"

这个故事告诉我们，没有教训与没有经验一样，都不能使人成器！所以在学习别人成功的经验时，还要吸取别人失败的教训。失败并不可怕，正确地认识它，就能使它成为通往成功路上的不可缺少的经验。没有任何一种幸福的人生不曾经历过痛苦与磨难，没有任何一个巨大的成功不曾经历过失败与挫折。成功者总是在经历了无数的失败后才找到成功的方法。

世界上的第一辆火车与马车赛跑，竟然远远地落在了马车的后面，这是一件多么失败的事情，但是火车的发明者史蒂芬孙并不因此而放弃，他打起精神，不懈努力，对火车进一步改进，为后来创造出新型蒸汽火车打下了基础。如果他因失败而放弃了，说不定今天我们还坐在马车上长途颠簸呢。

不必对失败避之唯恐不及。失败的背后，也会有灿烂的光芒。著名化学家欧立希经历了605次的失败，才发明了药物606；有"发明大王"之称的爱迪生，在一次发明创造的过程中失败了8000多次，但他仍乐观地说："失败也是我所需要的，8000次失败，起码说明了我有8000个方法行不通。"

有一个人以他的坎坷经历教会了我们如何面对人生，他曾经经历多次失败：22岁生意失败，23岁竞选州议员失败，24岁生意再次失败，25岁当选州议员，26岁爱人去世，27岁精神濒临崩溃，29岁竞选州议长失败，34岁竞选国会议员失败，37岁当选国会议员，

39 岁国会议员连任失败，46 岁竞选参议员失败，47 岁竞选副总统失败，49 岁竞选参议员再次失败，54 岁终于当选美国总统。这个人就是林肯，是美国历史上最伟大的总统之一。

年轻人做事不要惧怕失败，要把失败看成人生的训练场，只要以明智的眼光去审视自己的失败，那么你同样可以从中获得成功的源泉与力量。若你因为骄狂而失败，那么它教你变得谦逊；若你因为轻敌而失败，那么它教你学会谨慎；若你因为自不量力而失败，那么它教你变得客观；若你因为拒谏而失败，那么它教你学会尊重别人的意见……

 人生箴言

不要因为失败而放弃。正视失败，从失败中吸取经验和教训，你就能超越失败。超越了失败，你自然就会走上成功之路。

适度控制前进的步伐

人生之成，成在何处？有人说："只要求快，一切都能抓到手。"有人说："只要等待，什么都可以来到身边。"殊不知，前者之害常常是烫了自己的手脚，后者之弊往往是把胜利的果实拱手让人。这是一个如何赢得成功的行动学问题。

明朝重臣张居正认为："快则易跌倒，等则易空无，最上乘的谋事之法就在于一个'度'字，说白了也就是在快与等之间求做功。戒浮躁、守忍耐、度困难，此为'慢棋术'。"此言精绝，告诉人们慢棋术在于：人生必须前进不能死等，但急于求成也不可取，因时因势确定成功的步态才是上策。

张居正由事物的生长道理，联系到治学、读书、练习书法和其他为人处世的方法。他以练字须下苦功，不可求速效为例，开导他的下属说："世上之事，皆不可急，正在于都必须经过'困'和'缓'字关，方能有大的长进。"他还说："习字重在学其骨力，得其结构，把握其间架结构，而非注视其刮摩之功力。故而不可速成。"

很多人在做一件事的时候，往往由于贪快而被困。也就是进入了最艰难的时刻，关键在于，困时切忌间断，熬过这一关，也就会有进步。世上之事都有它的规律，不可急功近利，必须经过"困"和"缓"字关，才会豁然开朗，出现一片新的天地。

进而，张居正更深刻地体会到，古代圣贤豪杰成大事者，多是在不断的磨砺中成长起来的。这种成长，绝不是急于求成的揠苗助长，而是大功之前的奋力营造。张居正正是按照这个道理实践他的人生的，他在谋取胜局的过程中，牢记"欲速则不达"的基本规律，适度控制前进的步伐，从而求得了大进、长进之道。

 人生箴言

一个人谋取胜局要有一个过程，不可求快，因为太快容易摔倒；也不能太慢，太慢容易让人抢先。要想掌握快慢结合的节奏，要看两点：一是时机，二是实力。

取舍的智慧

作家阿里和朋友吉伯、马沙一起旅行。在一处山崖，马沙不慎滑落，吉伯及时拉住他，使他得救，于是马沙在一块大石头上刻下：某年某月某日，吉伯救了马沙一命。在一处河边，吉伯与马沙因小事发生口角，吉伯打了马沙一耳光，马沙又在沙滩上写下：某年某月某日，吉伯打了马沙一耳光。旅行结束后，阿里好奇地问马沙："为什么选择不同的载体记下两件事？"马沙回答："刻在石头上，我会永远记住吉伯救了我；写在沙滩上，随着时间的推移，它会被风吹得一干二净。"

生活中总会有一些琐碎的恩怨，像马沙这样的铭记与忘记是一种品德，是一种境界，更是一种生活的智慧。但要做到，却不是很容易。相信每个人都会有这样的经历，一个朋友一向对你很好，可是有一次，因为某种原因，在你求助时他未能帮助你，你便不再视他为朋友，甚至感叹人心不古。或者在工作上，你一向认真，却因为一次过错使上司对你改变了印象，不再认为你是可造之人。这样的事情在生活中比比皆是，我们常常记着本该忘记的，却忘记了本该记着的，所以才会有猜忌、仇恨。

铭记别人的帮助，哪怕是滴水之恩，常怀感激之心善待他人，带给别人的是快乐，留给自己的将是内心的宁静与从容。对别人无心的过失，一笑而过，让它随风而去，不仅是对别人的宽恕，也是让自己的心灵得到解脱和安宁。否则，睚眦必报，冤冤相报何时能了？何苦用别人的错误惩罚自己，让自己陷入怨恨的泥塘，错过原本可以快乐的时光呢？

林肯曾用大度与宽容在历史上写下了永垂不朽的一页：当林肯参选总统时，他的强敌斯坦顿为着某些原因而憎恨他；斯坦顿想尽办法在公众面前侮辱他，甚至毫不保留地攻击他的外表，故意用话使他窘困。尽管如此，当林肯获选为美国总统时，须找几个人当他的内阁与他一同策划国家大事，其中必须选一位最重要的参谋总长，他不选别人，却选了斯坦顿。

当消息传出时，一片喧扰，街头巷尾议论纷纷。有人跟他讲："恐怕你选错人了吧！你不知道他从前如何诽谤你吗？他一定会扯你的后腿，你要三思而后行啊！"林肯不为所动地回答他们："我认识斯坦顿，我也知道他从前对我的批评，但为了国家前途，我认为他最适合这份职务。"果然，斯坦顿为国家以及林肯做了不少的事。

过了几年，当林肯被暗杀后，许多颂赞的话语都在形容这位伟人，然而，所有颂赞的话语中，要算斯坦顿的话最有分量了。他说："林肯是世人中最值得敬佩的一位，他的名字将留传万世。"

让我们试着把真情刻在石头上，永远铭记；把怨恨写在沙滩上，瞬间遗忘。让平淡琐碎的日子多一些感激、宽容、爱和关怀。

目标，就是能走多远走多远

　　有师徒两位僧人，从很远的地方去灵山朝圣。他们一路上一边乞食一边赶路，日夜兼程，不敢稍有停息。因为在行前，他们发了誓愿，要在佛诞日那天赶到圣地。作为僧人，最重要的就是守信、虔诚、不妄语，何况是对佛陀发的誓愿呢！

　　但在穿越一片沙漠时，年轻的弟子病倒了。这时离佛诞日已经很近了，而他们距灵山的路还有很远。为了完成誓愿，师父开始搀扶弟子行走，后来又背着弟子走。这样一来，行进的速度就慢了许多，三天只能走完原来一天的路程。到了第五天，弟子已经气息奄奄，快不行了，他一边流泪一边央求师父："师父啊，弟子罪孽深重，无法完成向佛陀发下的誓愿了，并且还连累了您，请您独自走吧，不要再管弟子，日程要紧。"师父怜爱地看着弟子，又将他驮到背上，边艰难地向前行走边说："徒儿啊，朝圣是我们的誓愿，灵山是我们的目标。既然已经上路，已经在走，灵山就在心中，佛陀就在眼前了。佛决不会责怪虔诚的人，让我们能走多远就走多远吧……"

　　这则故事是一位年逾古稀的老居士讲述的。他说，他年轻时经商，在商海中搏命，赚了一些钱，挣下了一份不大不小的产业。这中间，有失败也有成功，有笑声也有眼泪。但自己无论怎样努力，却总是离家人的期待和自己的目标差了很远。后来，一个偶然的机会，他读到这则师徒朝圣的故事，大受感动之后幡然醒悟。他说其实每个人都是"朝圣者"，都有自己的目标和誓愿。由于各种客观和主观的原因，并非每个人都能达到目标、实现誓愿，尽管每个人的目标和誓愿都不相同。其实只要你一旦上路，向目标靠近，你就已经到达了，因为每个人的"灵山"都不一样。

　　老居士的话让人深思。是的，无论是那矢志不移的朝圣的僧人师徒，还是晚年才从梦中惊醒的老居士，都犹如一面镜子，让我们在反观自己所走道路的同时，也看清自己的真实面目。的确，我们都是朝圣者，都有自己的目标和誓愿。但在朝向目标的路上，却如那位生病的年轻僧人一样，只知道路途，而不明白虔诚和誓愿本身就是灵山和佛陀！

 人生箴言

　　只要我们心中装着灵山和佛陀，不管最后走了多远，都已经算是抵达了目标，完成了誓愿。关键是你要轻装上路，要向前走！能走多远走多远……

钻石就在你的身边

从前有个年轻英俊的国王，他既有权势，又很富有，但却为两个问题所困扰，他经常不断地问自己：我一生中最重要的时光是什么时候？我一生中最重要的人是谁？

他对全世界的哲学家宣布，凡是能圆满地回答出这两个问题的人，将有分享他财富的权利。哲学家们从世界各个角落赶来了，但他们的答案却没有一个能让国王满意。这时有人告诉国王说，在很远的山里住着一位非常有智慧的老人，也许老人能帮他找到答案。国王装扮成了一个农民，去拜访那个智慧老人。

他来到智慧老人居住的简陋小屋，发现老人盘腿坐在地上，正在挖着什么。"听说你是个很有智慧的人，能回答所有问题，"国王说，"你能告诉我谁是我生命中最重要的人？何时是我最重要的时刻吗？"

"帮我挖点土豆，"老人说，"把它们拿到河边洗干净。我烧些水，你可以和我一起喝一点汤。"

国王以为这是对他的考验，就照他说的做了。他和老人一起呆了几天，希望他的问题能得到解答，但老人却没有回答。

最后，国王对自己和这个人一起浪费了好几天时间感到非常气愤。他拿出自己的国王玉玺，表明了自己的身份，宣布老人是个骗子。

老人说："我们第一天相遇时，我就回答了你的问题，但你没明白我的答案。"

"你的意思是什么呢？"国王问。

"你来的时候我向你表示欢迎，让你住在我家里。"老人接着说，"要知道过去的已经过去，将来的还未来临——你生命中最重要的时刻就是现在，你生命中最重要的人就是现在和你呆在一起的人，因为正是他和你分享并体验着生活啊。"

人的一生似乎都在寻寻觅觅。试图寻找永恒不变的幸福，寻找功盖千秋的成功。为此人们劳苦终日、行色匆匆。也许到了弥留之际，都找不到自己要找的东西。因为要找的东西可能早已擦肩而过了。

 人生箴言

　　人生最大的错误是看不见近在身边的快乐，而去四处寻找；快乐是找不到的，如果你不具备发现它的能力的话。

善于表达意见和建议

山顶住着一位智者，他胡子雪白，谁也说不清他有多大年纪。

男女老少都非常尊敬他，不管谁遇到大小事情，都会来找他，请求他提些忠告。但智者总是笑眯眯地说："我能提些什么忠告呢？"

这天，又有年轻人来求他提忠告。

智者仍然婉言谢绝，但年轻人苦缠不放。

智者无奈，他拿来两根窄窄的木条，两把钉子：一把螺钉，一把直钉。

另外，他还拿来一把榔头、一把钳子和一把改锥。

他先用锤子往木条上钉直钉，但是木条很硬，他费了很大劲，也钉不进去，倒是把钉子砸弯了，不得不再换一根钉子继续砸。

一会儿工夫，好几根钉子都被他砸弯了。

最后，他用钳子夹住钉子，用榔头使劲砸，钉子总算弯弯扭扭地进到木条里面去了。但他的做法前功尽弃了，因为那根木条裂成了两块儿。

智者又拿起螺钉、改锥和锤子，他把螺钉往另外一根木条上轻轻一砸，然后拿起改锥拧了起来，没费多大力气，螺钉钻进木条里了，而且木条完好无损。

而他剩余的螺钉，还是原来的那一把，一根也没有浪费。

智者指着两根木条笑道："忠言不必逆耳，良药不必苦口。人们津津乐道的逆耳忠言、苦口良药，其实都是笨人的笨办法。那么硬碰硬有什么好处呢？说的人生气，听的人上火，最后伤了和气，好心变成了冷漠，友谊变成了仇恨。我活了这么久，只有一条经验，那就是绝对不直接向任何人提忠告。当需要指出别人的错误的时候，我会像螺丝钉一样婉转曲折地表达自己的意见和建议。"

年轻人终于明白，人是不必靠忠告去生活的。做一个正直的人，做一个善于向别人表达意见和建议的人就够了。

 人生箴言

　　天下的事情都有一个表达的问题，它连接着你和这个世界；当你学会了表达自己的意见和建议，你就拥有了自己的世界。

远离诱惑

某家大公司高薪招聘老总的小车司机，应征者络绎不绝。最后，董事会经过商议，选定了三位外形优秀、谈吐不凡、具有丰富驾驶经验的人作为人选。

最后一天，三个应征者同时来到这家公司，董事会只给这三人出了一个问题："如果在悬崖边上有一块金子，你如何做到把金子拿到而又恰好不掉下悬崖？"

"我会在离悬崖三米的地方把车子停下来，然后去把金子捡回来。"第一位应征者如是回答。

"我会在离悬崖只有半米的地方巧妙地把车停下来，然后拿到金子就走。"驾龄最久的第二位应征者这样坚定而自信地回答。

而第三位应征者略加思索，便略带羞涩地笑着说："金子啊，我还是不要了，我要尽力离开悬崖，离得越远越好。"

这家公司最后录取了第三位应征者。

在生活中，我们不能让自己与诱惑较劲，因为在看似浮华的背后，可能会隐藏着巨大的甚至足以致命的危机，所以我们要拒绝诱惑、远离诱惑，离得越远越好。

《孙子兵法》云："利而诱之，以卒待之。"两将厮杀时，经常是一方以佯败诱之，当另一方追来时，忽然一个回马枪或是一支暗箭，使其一命呜呼；两军对垒时，经常是一方佯败而逃亡，诱使另一方进入其包围圈。孙膑马陵道伏击魏军，诸葛亮博望坡火烧曹兵，都是这样。

动物因为受到诱惑而丧失生命的，大概要超过半数之多。人是万物之灵，具有高度发达的大脑，具有超出一切生物的智力，不能与动物等同，是完全能够学会摆脱诱惑的。

当关羽知道刘备的处所时，毅然放弃曹操一天一小宴、三天一大宴的优厚待遇，封金挂印，过五关斩六将，回到刘备的身边，以成其大义。

当赵匡胤涉千里之途将京娘送回家、美丽的京娘要以身相许时，他断然拒绝而留下美名。

胸怀大志者，不取非分之财，不逾非分之色。诱惑，是最能够让人警觉而又最容易让人忽视的字眼，不知绊倒多少英雄豪杰。然而，能够驾驭它的人却能够成功，正如林则徐说："壁立千仞，无欲则刚。"当然这种"无欲"并不是要像佛家、道家那样"跳出三界外，不在五行中"，只是尽力做好自己本职的事，只追求正当的东西，不骛虚声，不驰空想。

人生箴言

　　诱惑会蒙蔽我们的眼睛，阻止我们前进的步伐。要学会拒绝诱惑，而拒绝诱惑的最好办法就是远离诱惑。

谨慎交友

一个人的财富在很大程度上由与他关系最亲密的朋友决定。

在一个主题为"创造财富"的论坛上,一个发言人对大家说:"请大家拿出一页纸,然后在纸上写下和你相处时间最多的 6 个人,也可以说是与你关系最亲密的 6 个朋友,记下他们每个人的月收入。然后,算出这 6 个人月收入的总和,最后算出他们月收入的平均值。这个平均值便能反映出你个人月收入的多少。"

这个游戏的本质意义,就是显示交际的力量,即结交朋友的重要性。中国有句老话:"近朱者赤,近墨者黑。"美国也有句谚语:"和傻瓜生活,整天吃吃喝喝;和智者生活,时时勤于思考。"这两句话所讲的道理是一样的,都是告诉我们择友的重要性。

如果你想在人生和事业上取得成功,必须小心谨慎地结交朋友。

如果你最亲密的朋友是公司的高级主管,那么你们在一起时所谈论的主要内容一定是关于如何管理和经营的;如果你最亲密的朋友是公司的职员，那么你们在一起时谈论的主要话题一定是关于如何工作的；如果你最亲密的朋友是房地产商，那么你们谈论的话题一定会是关于房地产的；如果你最亲密的朋友是个无所事事的混子，那么你们在一起时谈论的主要话题一定不会是什么正事……

如果你下一次和朋友一起聊天，请记下你们谈论的主要话题，到时你就会明白这句话的重要意义了。

孔子说："益者三友，损者三友，友直，友谅，友多闻，益矣。友便辟，友善柔，友便佞，损矣。"就是告诉我们应结交正直、诚实、能体谅他人、博学多闻的朋友，来达到彼此增益的目的，使我们在品行、学业上相互砥砺，力求上进。至于那些巧言令色、善于阿谀谄媚、不务正业、不学无术的朋友，尽量避而远之，以免受其影响。

今天你结交了什么样的朋友，明天你的事业上可能就会有他的影子；你今天如何选择朋友、如何对待朋友，明天你的交际圈子就是什么样的情景。人离不开自己的圈子，但有的人被自己的圈子所成就，有的人被自己的圈子所毁掉，可是你的圈子是你自己打造的，你有完全的自主能力。

春秋末年，晋国中行文子被迫流亡在外，有一次，经过一座界城时，他的随从提醒他道："主公，这里的官吏是您的老友，为什么不在这里休息一下，等候后面的车子呢？"中行文子答道："不错，从前此人待我很好，我有段时间喜欢音乐，他就送给我一把鸣琴；后来我又喜欢佩饰，他又送给我一些玉环。这是投我所好，以求我能够接纳他，而现在我担心他会出卖我去讨好敌人，所以我不打算在这里停留。"果然，这个官吏派人扣押了中行文子后面的两辆车子，将其献给了晋王。

人生箴言

　　如果你想展翅高飞，那么请你多和雄鹰为伍，并成为其中的一员；如果你仅仅和小鸡成天混在一起，那么你就不大可能高飞。

专注于现在

库里希坡斯曾说："过去与未来并不是'存在'的东西，而是'存在过'和'可能存在'的东西。唯一'存在'的是现在。"

专注于现在是一种全身心地投入人生的生活方式。当你活在现在，而没有过去拖在你后面，也没有未来拉着你往前时，你全部的能量都集中在这一时刻，生命因此具有一种强烈的张力。

"现在"给你一个深深地潜入水中，或是高高地飞上天空的机会。但是在两边都有危险——"过去"和"未来"是人类语言里最危险的两个词。生活在过去和未来之间的现在就好像走在一条绳索上，在它的两边都有危险。但是一旦你尝到了"现在"这个片刻的甜蜜，你就不会去顾虑那些危险；一旦你跟生命保持在同一步调，其他的就无关紧要了。对你而言，生命就是一切。

年轻的时候，你拼命想挤进一流的大学；随后，你巴不得赶快毕业找一份好工作；接着，你迫不及待地结婚、生小孩，然后，你又整天盼望小孩快点长大，好减轻你的负担；后来，小孩长大了，你又恨不得赶快退休；最后，你真的退休了，不过，你也老得几乎连路都走不动了……当你正想停下来好好喘口气的时候，生命也快要结束了。

这正是大多数人的人生写照，劳碌了一生，时时刻刻为生命担忧，为未来做准备，一心一意计划着以后发生的事，却忘了把眼光放在"现在"，等到时间一分一秒地溜过，才恍然大悟"时不我待"。

佛家常劝世人要"活在当下"。到底什么是"当下"？简单地说，"当下"指的就是你现在正在做的事、当下所在的地方，以及周围一起工作和生活的人；"活在当下"就是要你把关注的焦点集中在这些人、事、物上面，全心全意认真地去接纳、品味、投入和体验这一切。

但大多数人都无法专注于"现在"，他们总是若有所思、心不在焉，想着明天、明年甚至下半辈子的事。有人说"我明年要赚得更多"，有人说"我以后要换更大的房子"，有人说"我打算找更好的工作"。后来，钱真的赚得更多，房子也换得更大，职位也连升好几级；可是，他们并没有变得更快乐，仍觉得不满足："唉！我应该再多赚一点，职位更高一点，想办法过得更舒适！"

一位作家这样说过："当你存心去找快乐的时候，往往找不到，如果让自己活在'现在'，全神贯注于周围的事物，快乐便会不请自来。"

人生箴言

  "现在"才是上天赐予我们最好的礼物。真正的满足不是在"以后",而是在"此时此刻",那些想追求的美好事物,不必费心等到以后,因为现在便已拥有。

放弃完美

一个被削去了一小片的圆，想要找回一个完整的自己，到处寻找自己的碎片。由于它是不完整的，滚动得非常慢，从而领略了沿途美丽的景色。它和虫子们聊天，充分感受到阳光的温暖。它找到许多不同的碎片，但都不是原来的那一块，于是它坚持着寻找——直到有一天，它实现了自己的心愿。

然而，作为一个完美无缺的圆，它滚动得太快了，错过了花开的时节，忽略了虫子。当它意识到这一切时，它毅然舍弃了历尽千辛万苦才找到的碎片。

人生就是这样，没有完美可言，完美只是在理想中存在。生活中处处都有遗憾，这才是真实的人生。因而人不能苦闷于那种"完美"的追求之中，这样可能会留给我们更多的遗憾。其实，人生太多的遗憾是由于人们过分的追求造成的。

我们应该努力做到更好，但永远无法做到完美。我们面对的情况如此复杂，以致没有人会从不犯错。

有一个富翁因为实在太富有了，所以凡事都要求最好的。

有一天他喉咙发炎，这不过是一个小毛病，任何一位大夫都可以治好，但是由于他问医心切，决定找一个"最好的"医生来为他诊治。

他花费了无数的金钱，走遍各地寻找医病高手，他一地一区地走，每个地方都告诉他当地有名医，但是他认为其他地方一定还有更好的医生，所以他又继续再找。

直到有一天他路过一个偏僻的小村庄，扁桃腺早已恶化成脓，病情变得非常的严重，必须马上开刀，否则性命难保。但是当地却没有一个医生，这个富有的人，居然因为一个小小的扁桃腺发炎而一命呜呼！

一个追求完美的人，在某种意义上说，是一个可怜的人，他永远无法体会有所追求、有所希望的感受，他永远无法体会别人带给他一直梦寐以求的东西的喜悦。

一个勇于放弃自己无法实现的梦想的人是完整的人，一个能坚强地面对失去亲人的悲痛的人是完整的人。因为他们经历了最坏的遭遇，却成功地抵御了这种打击。事物的优点与缺点、长处与短处，是相对存在的。世界上只有更好的东西，没有完美的东西。

 人生箴言

不要因为坚持完美而扔掉了一些原本可以拥有的东西，没有人能拥有完美。当你接受现实不完美时，才能接受现实、积极地面对现实。

仍然保持好奇心

根据调查，有成就的人往往喜欢思考，经常问"为什么"，而且对别人提出的问题也非常关注。

1921 年，印度科学家拉曼在英国皇家学会上作了声学与光学的研究报告，取道地中海乘船回国。甲板上漫步的人群中，一对印度母子的对话引起了拉曼的注意。

"妈妈，这个大海叫什么名字？"

"地中海！"

"为什么叫地中海？"

"因为它夹在欧亚大陆和非洲大陆之间。"

"那它为什么是蓝色的？"

年轻的母亲一时语塞，求助的目光正好遇上了在一旁饶有兴味倾听他们谈话的拉曼。拉曼告诉男孩："海水之所以呈蓝色，是因为它反射了天空的颜色。"

在此之前，几乎所有的人都认可这一解释。它出自英国物理学家瑞利勋爵，这位以发现惰性气体而闻名于世的大科学家，曾用太阳光被大气分子散射的理论解释过天空的颜色。并由此推断，海水的蓝色是反射了天空的颜色所致。

但不知为什么，在告别了那一对母子之后，拉曼总对自己的解释心存疑惑。那个充满好奇心的稚童，那双求知的大眼睛，那些源源不断涌现出来的"为什么"，使拉曼深感愧疚。作为一名训练有素的科学家，他发现自己在不知不觉中丧失了男孩那种到所有的"已知"中去追求"未知"的好奇心，心头不禁为之一震！

拉曼回到加尔各答后，立即着手研究"海水为什么是蓝的"这个课题，他发现瑞利的解释实验证据不足，令人难以信服，决心重新进行研究。

他从光线散射与水分子相互作用入手，运用爱因斯坦等人的涨落理论，获得了光线穿过净水、冰块及其他材料时散射现象的充分数据，证明出水分子对光线的散射使海水显出蓝色的机理，与大气分子散射太阳光而使天空呈现蓝色的机理完全相同。进而又在固体、液体和气体中，分别发现了一种普遍存在的光散射效应，被人们统称为"拉曼效应"，为 20 世纪初科学界最终接受光的粒子性学说提供了有力的证据。

1930 年，地中海轮船上那个男孩的问号，把拉曼领上了诺贝尔物理学奖的领奖台，成为印度也是亚洲历史上第一个获得此项殊荣的科学家。

好奇心是发挥想象力的起点，唯有好奇心的驱使，才让我们在遇到问题时知道自己的浅薄和狭隘。毕加索在 90 岁时还保持着探究新事物的风格，他评价自己"感觉跟 20 岁时一样"。正因为如此，他才能创作出一幅幅冲击人们传统观念的名画。

 人生箴言

不要因为天天发生就司空见惯，不要因为普遍存在就熟视无睹。永远带着好奇的眼光看事情，永远保持好奇的心理去对待社会，你才会经常有新的发现、新的思路、新的成功。

小心捧杀

当你事业有成时，有些人可能会因为你的头衔和身上的标签，把你列为交往或巴结的对象。这时，你依然要保持头脑冷静，甚至要怀着一颗警惕心，去看待别人对你的讨好和恭维。因为，"头衔、功名仿佛一双美丽的鞋，穿在脚上时，舒不舒服只有自己心里有数"。你要看清，很多人并不是在和你交往，而是在和你的美丽"头衔"交往。对于握有权力之人的逢迎，对于失去权力者的落井下石，古往今来，司空见惯。

齐国宰相邹忌高大英俊，某日上朝参拜前揽镜自照，问他的妻子道："我和素有美男子之称的城北徐公，谁比较英俊？"妻子道："当然是你比较英俊，徐公怎么比得上你？"邹忌仍无自信，又问他的妾同样的话，妾道："相公比徐公英俊多了。"

次日有客来访，邹忌又提出了同样的问题，得到的答案和妻妾所言并无二致。

隔日徐公来访，邹忌仔细观看，深以为自己不如徐公。失望的邹忌当晚睡前思忖："妻说我英俊，是因为爱我，偏袒我；妾称我英俊，是怕扫我的兴，惹我不悦；而客人称赞我英俊，则是因为有求于我。"

社会地位一起一落，最能发现人情的真实一面。当你握有权力时，宾客拥至；失掉权力时，门前冷清。其实，大部分的人，只是对头衔而非个人表示敬意。

因此，不要因为对方说几句恭维话，你就晕头转向，不知身在何处。尤其是在众人面前对你大肆恭维，最让人难以招架。要特别小心的是那些平时看似是你的至交、喜欢奉承你、对你甜言蜜语但又喜欢搬弄是非的人，他们会用谎言将你迷得云里雾里，然后在你背后出卖你。

恭维的话，是好听的话，是拍马屁的话，是虚假的话，是麻醉人的话。向你说恭维话的人，一定是有求于你的人，或是讨你好的人；你往往对恭维你的人格外开恩，放松警惕。我们往往对诽谤自己的人毫不留情、高度警惕。但事实上，恭维你的人，往往正是能够毁坏你的人。他越恭维你，你越迷糊；他越讨好你，你越糊涂；他越顺从你，你越松懈。

 人生箴言

小心恭维你的人，也许他就是你的"掘墓人"。